Laser in Technik und Forschung

*Herausgegeben von
G. Herziger und H. Weber*

Springer
*Berlin
Heidelberg
New York
Barcelona
Budapest
Hong Kong
London
Mailand
Paris
Tokyo*

E. Beyer

Schweißen mit Laser

Grundlagen

Mit 148 Abbildungen

 Springer

Dr.-Ing. Eckhard Beyer
Fraunhofer-Institut für Lasertechnik (ILT)
Steinbachstraße 15
52074 Aachen

Herausgeber der Reihe
Prof. Dr.-Ing. Gerd Herziger
Fraunhofer-Institut für Lasertechnik Aachen
52074 Aachen

Prof. Dr.-Ing. Horst Weber
Festkörper-Laser-Institut Berlin GmbH
10785 Berlin

ISBN-13:978-3-642-75760-0

Die Deutsche Bibliothek - CIP-Einheitsaufnahme
Beyer, Eckhard: Schweissen mit Laser: Grundlagen / E. Beyer.
Berlin; Heidelberg; New York; Barcelona; Budapest; Hong Kong;
London; Mailand; Paris; Tokyo: Springer, 1995
(Laser in Technik und Forschung)
ISBN-13:978-3-642-75760-0   e-ISBN-13:978-3-642-75759-4
DOI: 10.1007/978-3-642-75759-4

Dieses Werk ist urheberrechtlich geschützt. Die dadurch begründeten Rechte, insbesondere die der Übersetzung, des Nachdrucks, des Vortrags, der Entnahme von Abbildungen und Tabellen, der Funksendung, der Mikroverfilmung oder der Vervielfältigung auf anderen Wegen und der Speicherung in Datenverarbeitungsanlagen, bleiben, auch bei nur auszugsweiser Verwertung, vorbehalten. Eine Vervielfältigung dieses Werkes oder von Teilen dieses Werkes ist auch im Einzelfall nur in den Grenzen der gesetzlichen Bestimmungen des Urheberrechtsgesetzes der Bundesrepublik Deutschland vom 9. September 1965 in der jeweils geltenden Fassung zulässig. Sie ist grundsätzlich vergütungspflichtig. Zuwiderhandlungen unterliegen den Strafbestimmungen des Urheberrechtsgesetzes.

© Springer-Verlag Berlin Heidelberg 1995
Softcover reprint of the hardcover 1st edition 1995

Die Wiedergabe von Gebrauchsnamen, Handelsnamen, Warenbezeichnungen usw. in diesem Werk berechtigt auch ohne besondere Kennzeichnung nicht zu der Annahme, daß solche Namen im Sinne der Warenzeichen- und Markenschutz-Gesetzgebung als frei zu betrachten wären und daher von jedermann benutzt werden dürften.

Solte in diesem Werk direkt oder indirekt auf Gesetze, Vorschriften oder Richtlinien (z. B. DIN, VDI, VDE) Bezug genommen oder aus ihnen zitiert worden sein, so kann der Verlag keine Gebühr für die Richtigkeit, Vollständigkeit oder Aktualität übernehmen. Es empfiehlt sich, gegebenenfalls für die eigenen Arbeiten die vollständigen Vorschriften oder Richtlinien in der jeweils gültigen Fassung hinzuzuziehen.

Satz: Reproduktionsfertige Vorlage vom Autor
SPIN: 10011168   60/3020 - 5 4 3 2 1 0 - Gedruckt auf säurefreiem Papier

Geleitwort der Herausgeber

Die zunehmende Verbreitung des Lasers in Wissenschaft und Wirtschaft hat zur Folge, daß sich die Lasertechnik - ausgehend von den physikalischen Grundlagen - zu einer eigenständigen Disziplin entwickelt; ein Vorgang, wie er bereits in vielen Bereichen der Ingenieurwissenschaften stattgefunden hat. Das führt zu einer technologieorientierten Sprache und zu pragmatischen Definitionen und Begriffen. Der Anwender interessiert sich weniger für die fundamentalen, physikalischen Herleitungen, er fordert handliche Formeln, zuverlässige Zahlenwerte und technische Regeln, die sich in der Praxis bewähren.

In diesem Sinne wendet sich die vorliegende Buchreihe an Ingenieure und Wissenschaftler, die den Laser in der Praxis einsetzen wollen.

In einer Reihe von Monographien werden die verschiedenen Anwendungsbereiche behandelt. Der Reihe vorangestellt sind einführende Bände, die die Grundlagen der Laserphysik und der Laserkomponenten behandeln, gefolgt von Monographien, die die wichtigsten Laser als industrielle Systeme beschreiben. Jeder Band ist in sich abgeschlossen und verständlich, d. h. die wichtigsten Begriffe, die benutzt werden, sind jeweils dargestellt.

Die Reihe wird fortgesetzt mit Monographien zu allen Bereichen der Laseranwendungen.

Aachen und Berlin, im Juli 1995 Prof. Dr. G. Herziger
Fraunhofer-Institut für Laser-Technik
Lehrstuhl für Lasertechnik
Der RWTH Aachen

Prof. Dr. H. Weber
Festkörper-Laser-Institut Berlin GmbH
Optisches Institut der TU Berlin

Vorwort

Die vorliegende Monographie ist als Ergänzung zu Datenbanken und Handbüchern gedacht und richtet sich an Studenten, Ingenieure und Wissenschaftler, die sich mit dem Laserstrahlschweißen beschäftigen.

Um den Schweißprozeß an die jeweilige Aufgabe anpassen und optimieren zu können, ist oftmals ein tieferes Verständnis der physikalisch-technischen Vorgänge erforderlich. Diese können in einer Datenbank nicht und in einem Handbuch nur schwerlich erläutert werden. Die nachfolgende Zusammenstellung soll dem Leser ein tieferes Verständnis der Zusammenhänge beim Laserstrahlschweißen vermitteln. Sie ist hierzu folgendermaßen aufgebaut:

Als Einführung wird zunächst eine Beschreibung des Prinzips und eine Reihe von Beispielen angeführt.

Im weiteren werden die einzelnen Mechanismen nach dem Stand der derzeitigen Erkenntnisse in chronologischer Reihenfolge von der Energieeinkopplung über die Beschreibung der Dampfkapillare bis hin zu Näherungsmodellen erläutert.

Nach dem Vergleich unterschiedlicher Näherungsmodelle werden die Phänomene der Schmelzbadbewegung und die Möglichkeiten der Prozeßüberwachung beschrieben.

Die Monographie orientiert sich am Einsatz von kontinuierlich betriebenen Hochleistungs-CO_2-Lasern. Mit Ausnahme der Plasmaabsorption sind alle Beschreibungen auf den Einsatz von Hochleistungs-Nd-YAG-Lasern, welche mit kontinuierlicher Ausgangsleistung betrieben werden, übertragbar.

Mein besonderer Dank gilt den Mitarbeitern des Institutes für Lasertechnik in Aachen für die Unterstützung bei der Zusammenstellung der Unterlagen, insbesondere Herrn Dr. Detlef Becker, Herrn Dr. Mirko Aden und Frau Michaela Bamberg.

Aachen, im Mai 1995   Dr.-Ing. R. E. Beyer

Inhaltsverzeichnis

1. Einleitung   1
2. Prinzip des Laserstrahlschweißens   5
      2.1 Wärmeleitungsschweißen   7
      2.2 Tiefschweißen   15
      2.3 Beispiele   16
3. Energieeinkopplung   27
      3.1 Absorption an einer Metalloberfläche   28
      3.2 Winkel- und polarisationsabhängige Absorption   36
      3.3 Reflexion beim Tiefschweißen   40
      3.4 Transmission beim Tiefschweißen   44
4. Plasmaabsorption   49
      4.1 Diagnostik der Plasmabildung   50
      4.2 Verdampfung und Metalldampfdichte   54
      4.3 Plasmabildung und Absorption   64
      4.4 Plasmaabschirmung   75
5. Kapillarbildung   79
      5.1 Druck in der Kapillaren   79
      5.2 Verdampfungsrate in der Kapillaren   81
      5.3 Dampfströmung aus der Kapillaren   83
6. Kapillargeometrie   87
      6.1 Breite der Kapillaren   90
      6.2 Front der Kapillaren   94
7. Kapillarschwingungen   103
      7.1 Plasma und Dampfdichtefluktuationen   103
      7.2 Schallemission und Druckschwankungen   105
      7.3 Ursache für Kapillarschwingungen   108
      7.4 Kapillarschwingungen für Ein- und Durchschweißungen   110

8.	Kapillarabsorption	113
	8.1 Mehrfachreflexion in der Kapillaren	113
	8.2 Einfluß der Strahlungspolarisation	118
	8.3 Plasmaabsorption in der Kapillaren	126
9.	Näherungsmodelle zum Tiefschweißen	131
	9.1 Bewegte Linienquelle	131
	9.2 Bewegte Flächenquelle	133
	9.3 Bewegte Zylinderquelle	137
	9.4 Bewegte Zylinderquelle mit Plasmaabsorption	144
10.	Schmelzbadbewegung	149
	10.1 Schmelzströmung	151
	10.2 "Humping" Effekt	157
Anhang A Wärmeleitung		169
Anhang B Verdampfung		181
Literaturverzeichnis		183
Abkürzungen		197
Sachverzeichnis		201

1. Einleitung

Unter den "stoffverbindenden" Fertigungsverfahren hat das Schweißen die weitaus größte Bedeutung erlangt. In Anlehnung an die DIN 1910 bedeutet Schweißen eine "Vereinigung von Werkstoffen in der Schweißzone unter Verwendung von Wärme und/oder Kraft ohne oder mit Schweißzusatz. Die in der Schweißzone wirkende Arbeit wird von außen durch Energieträger zugeführt."

Das **Laserstrahlschweißen** gehört zur Gruppe des Schmelz-Verbindungsschweißens. "Die erforderliche Wärme entsteht durch Umwandlung gebündelter energiereicher Strahlung beim Auftreffen auf bzw. Eindringen in das Werkstück" (DIN 1910).

Beim Laserstrahlschweißen wird die Energie mittels elektromagnetischer Wellen, der Laserstrahlung, ohne mechanischen oder elektrischen Kontakt zwischen Energiequelle und Werkstück der Schweißzone zugeführt /Beyer/1.1/ Handbuch VDI.

Mit dem **L**aser (**L**ight **A**mplification by **S**timulated **E**mission of **R**adiation) steht eine Energiequelle höchster physikalischer Qualität zur Verfügung. Je größer die Qualität einer Energie ist, umso aufwendiger und teurer ist ihre Erzeugung. Dies gilt auch für die Laserstrahlung. Typische Wirkungsgrade liegen bezogen auf die zugeführte elektrische Energie zur Zeit zwischen 1 und 10 %.

Der Laser zeichnet sich gegenüber anderen Strahlquellen unter anderem dadurch aus, daß seine Strahlungsenergie mit geringer Strahldivergenz, das heißt mit vergleichsweise geringer Veränderung des Strahldurchmessers, an einen anderen Ort übertragen werden kann. Infolge dieser geringen Divergenz ist es möglich, den Schweißvorgang in einer Entfernung z von mehreren Metern (beispielsweise z > 40 m) von der Laserstrahlquelle durchzuführen. Eine Folge dieser geringen Divergenz ist weiterhin die Möglichkeit, den Laserstrahl auf kleinste Strahldurchmesser fokussieren zu können, so daß extrem hohe Strahlungsintensitäten (Energieflußdichten) auf der Werkstückoberfläche erreicht werden. Die hohen Intensitäten ermöglichen es, selbst Metalle lokal auf Verdampfungstemperatur aufzuheizen und zu verdampfen. Diese Eigenschaft erlaubt die Ausbildung des vom Elektronenstrahlschweißen bekannten Tiefschweißeffekts.

Eine Laserschweißanlage setzt sich im wesentlichen aus 5 Hauptkomponenten zusammen /Beyer/1.2/:

1. Dem Laser und dem Laserzubehör, bestehend aus der Laserstrahlquelle, der Gasversorgung und einem Kühlsystem.

2. Der Strahlmanipulation, bestehend aus einer Strahlführung, inklusive einer Komponentenkühlung, einer Strahlschaltung über Strahlweichen und einer Strahlformung.

3. Der Werkstückhandhabung, bestehend aus einer Be- und Entladungseinrichtung, einer Werkstück- beziehungsweise Strahlpositionierung, einer Bewegungseinrichtung sowie aus einer Arbeits- und Schutzgaszuführung.

4. Einer Steuereinrichtung, bestehend aus einer Lasersteuerung, einer Handhabungssteuerung sowie einer Prozeß- und Anlagenüberwachung.

5. Einer Sicherheitseinrichtung, bestehend aus einem Schutzrohr, in welchem der Laserstrahl geführt wird, einer Sicherheitskabine, einem Strahlabsorber und einer Prozeßgasabsaugung mit entsprechenden Filtern.

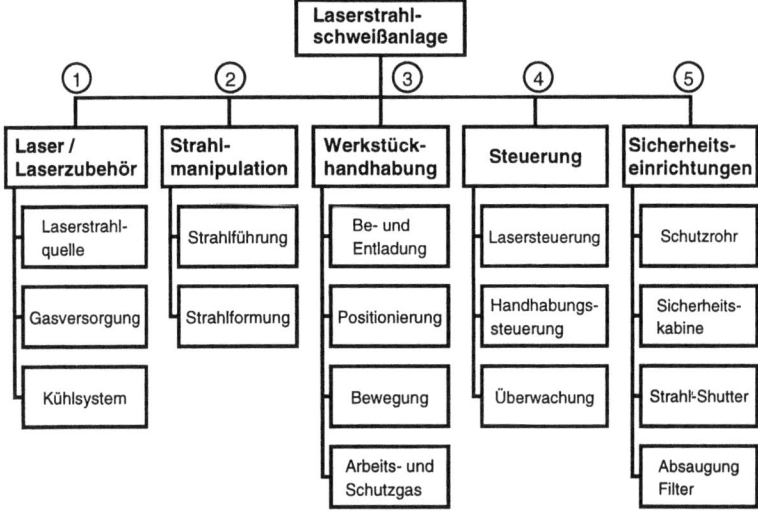

Abb 1.1 Hauptkomponenten einer Laserstrahlschweißanlage

Abbildung 1.2 zeigt den schematischen Aufbau einer typischen Laserstrahlschweißanlage. Die für den Schweißvorgang erforderliche Laserstrahlleistung wird in der Regel kontinuierlich erzeugt und über einen Spiegel auf einen Strahlabsorber geführt. Dieser Spiegel dient als Strahlschalter und kann für die Dauer des Schweißvorgangs aus dem Strahlengang bewegt werden. Der Laserstrahl wird dann über ein Strahlführungssystem zu der Bearbeitungsstation geführt und mit einer Spiegel- oder Linsenoptik auf das Werkstück fokussiert. Die Schweißnaht entsteht im allgemeinen durch eine kombinierte Werkstück- und Strahl-(Spiegel-)Bewegung.

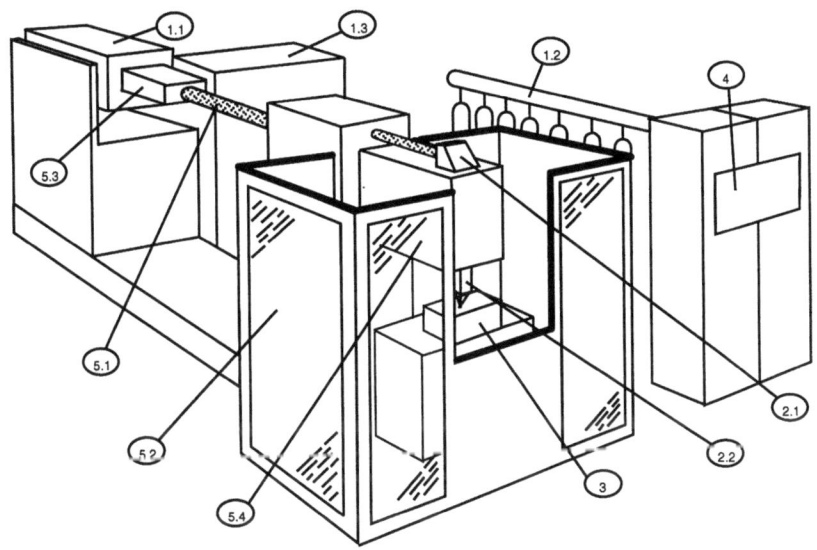

Abb 1.2   Prinzipieller Aufbau einer CO_2-Laserstrahlschweißanlage /1.2/
1.1   Laserstrahlquelle   4.   Steuerung
1.2   Gasversorgung   5.1   Schutzrohr
1.3   Kühlung   5.2   Sicherheitskabine
2.1   Strahlführung   5.3   Strahl-Shutter
2.2   Strahlformung/Fokussierung   5.4   Absaugung
3.   Werkstückhandhabung

Die vergleichsweise teure Laserstrahlquelle kann besonders wirtschaftlich genutzt werden, wenn mehrere Bearbeitungsstationen miteinander verknüpft sind. In diesem Fall ist es möglich, die Strahlung eines Lasers durch Strahlweichen wahlweise auf verschiedene Bearbeitungsstationen zu führen. Die Führung des Laserstrahles kann über Spiegelsysteme oder Lichtleitfasern (Nd:YAG-Laser) erfolgen. Der Laserstrahl kann somit während der Zu- und Abführzeit sowie während der Einrichtzeit auf einer beliebigen anderen Anlage zum Bearbeiten verwendet werden. Anlagen, die mehr als 20 m voneinander und von dem Laser entfernt stehen, wurden bereits verwirklicht. Sie stellten jedoch erhöhte Anforderungen an die Justierung der Strahlführung und die Schwingungsdämpfung der einzelnen Elemente. Hierdurch lassen sich Werkstücke auch an schwer zugänglichen Stellen bearbeiten.

Eine weitere charakteristische Eigenschaft der Laserstrahlung, die sie von anderen Energieformen beziehungsweise Strahlenquellen unterscheidet, ist die örtliche und zeitliche Modulierbarkeit.

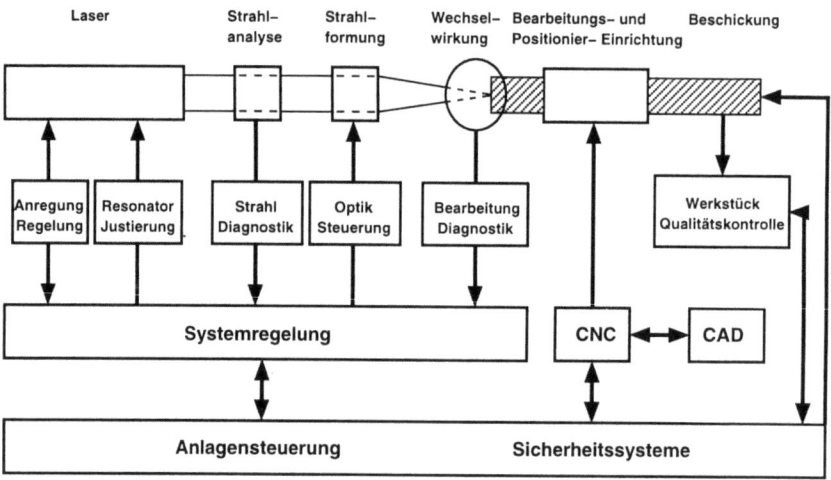

Abb 1.3 Blockschaltbild einer prozeßgeregelten und bahngesteuerten Laseranlage zum Schweißen

Durch die leichte Formbarkeit der Strahlung können nahezu beliebige Geometrien auf der Werkstückoberfläche eingestellt werden. Verbunden mit der Möglichkeit, die Strahlen im Mikrosekundenbereich zu steuern, stellt der Laser eine Energiequelle dar, die in geeigneter Weise dem Schweißprozeß angepaßt werden kann. Im besonderen die on-line und real-time Analyse des laserinduzierten Plasmas und die Temperaturstrahlung der Schmelze ermöglichen eine Prozeßregelung im ms Bereich. Hierdurch wird die Prozeßsicherheit erhöht und das Schweißen einiger Verbindungen erst ermöglicht. Abbildung 1.3 zeigt das Blockschaltbild einer Laserstrahlschweißanlage zur Prozeßregelung /Herziger/1.3/ /Beyer/1.4/.

2. Prinzip des Laserstrahlschweißens

Das Laserstrahlschweißen kann in das "Wärmeleitungsschweißen" und das "Tiefschweißen" unterteilt werden (Abb. 2.0.1a und 2.0.1b) /Beyer/1.1/.

Der Begriff "Wärmeleitungsschweißen" umfaßt folgenden Zusammenhang:

Die Schmelzgeometrie, bzw. die Schweißnaht entsteht durch Energietransport von der Werkstückoberfläche ins Werkstück. Dieser erfolgt über Wärmeleitung und wird durch Konvektion unterstützt. Die maximale Schmelzzonentiefe (Nahttiefe) liegt typischerweise in der Größenordnung der halben Schmelzzonenbreite (Nahtbreite). Aufgrund einer Deformation der Schmelzoberfläche kann die Schmelzzonentiefe auch geringfügig größer werden als die Breite.

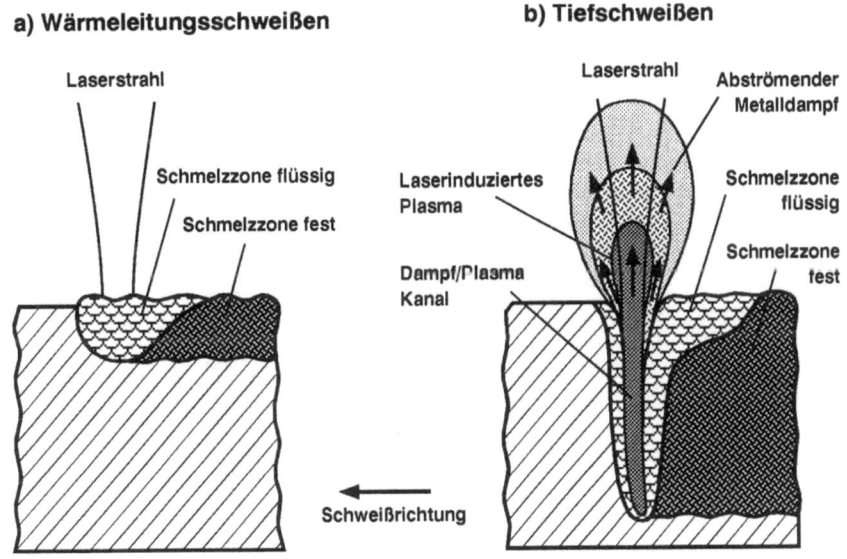

Abb. 2.0.1   Prinzip des Laserstrahlschweißens

Der Begriff "Tiefschweißen" umfaßt folgenden Zusammenhang:
Der Energietransport von der Werkstückoberfläche in die Tiefe des Werkstückes erfolgt überwiegend optisch, d.h. die Laserstrahlung dringt durch eine Kapillare ins Werkstück ein. Sie wird von den Kapillarwänden absorbiert und in Wärme umgewandelt. Die Schmelzgeometrie entsteht durch einen

Energietransport, der von der Kapillarwand und nicht von der Werkstückoberfläche ausgeht. Hierdurch können schlanke und tiefe Schweißnähte entstehen, bei denen das Tiefe- zu Breiteverhältnis größer als 10 ist.

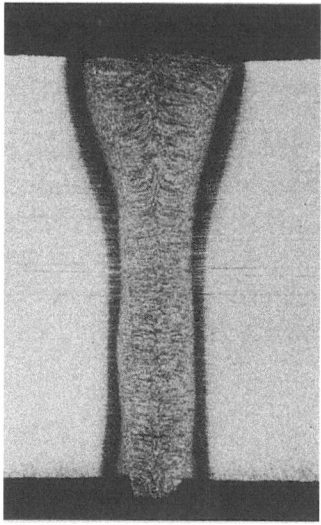

Abb. 2.0.2 Querschliff einer typischen CO_2-Laserstrahlschweißung. Zu erkennen ist das große Tiefe- zu Breiteverhältnis und die sich ergebende geringe Wärmeeinflußzone. Parameter: K=0,25 ; F=7 , P_L=10 kW ; v_s=1,4 m/min; St52/3; t_s=20 mm

Abb. 2.0.3 Querschliff einer typischen Nd:YAG-Laserstrahlschweißung
Parameter: P_L= 2,3 kW; v_S= 2 m/min ; t_s= 4 mm ; 1.4301, r_F = 0,3 mm ; F = 3,3, Pulsformung t_P = 4 ms

2.1 Wärmeleitungsschweißen

Das physikalische Prinzip des Laserstrahlschweißens beruht darauf, daß die Laserstrahlung auf die Fügestelle fokussiert wird und der vom Werkstück absorbierte Strahlungsanteil ausreicht, diese lokal anzuschmelzen. Hierdurch entsteht nach dem Erstarren der Schmelze eine Verbindung der beiden Fügeteile. Bei Metallen wird die Laserstrahlung in einer sehr dünnen Oberflächenschicht absorbiert ($d < 10^{-5}$ cm). Somit ergibt sich eine Oberflächenwärmequelle.

Die resultierende Temperaturverteilung im Werkstück und damit die Schmelzgeometrie ist durch die geometrische Form der Quelle und den Leistungsfluß aus dieser Quelle bestimmt. Dies ermöglicht die Berechnung der Schmelzgeometrie über die Wärmeleitungsgleichung unter Berücksichtigung der absorbierten Strahlungsleistung.

In Abb. 2.1.1 ist das Prinzip einer über Wärmeleitung erzeugten Laserstrahlschweißung dargestellt. In der Regel ist die erzeugte Schmelzgeometrie breiter als die Wärmequelle, welche der Querschnittsfläche der fokussierten Laserstrahlung entspricht. Die Schmelzisotherme wandert als Funktion der Zeit bis zu einem Maximalwert in das Werkstück hinein.

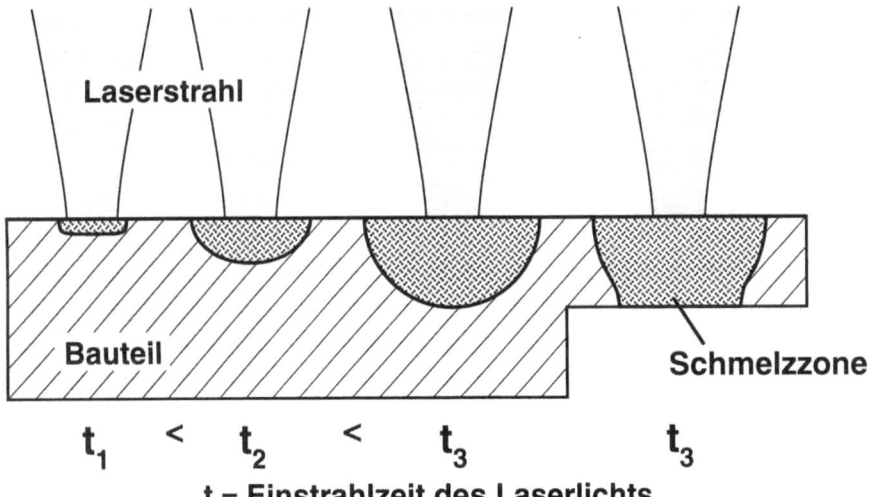

Abb. 2.1.1 Dargestellt ist das Prinzip des Wärmeleitungsschweißens. Die Laserstrahlung wird an der Oberfläche absorbiert. Mit zunehmender Einstrahldauer wird der Wärmefluß dreidimensional. Bei endlicher Blechdicke entsteht an der Unterseite ein Wärmestau.

Die maximale Schmelzbreite und Schmelztiefe ist dann erreicht, wenn die Oberflächentemperatur der Quelle aufgrund der Wärmeleitungsverluste nicht weiter ansteigt. Ist die Wärmeleitung ins Werkstück durch dessen endliche Dicke beschränkt, so entsteht an der Werkstückunterseite ein Wärmestau, welcher die schematisch in Abb. 2.1.1 dargestellte Änderung der Schmelzgeometrie zur Folge hat.

Aufgrund der Temperaturverteilung an der Werkstückoberfläche entstehen im Bereich der Schmelzzone Scherspannungen τ_s an der Oberfläche. Diese sind auf die Temperaturabhängigkeit der Oberflächenspannung σ_s zurückzuführen.

Auf einer ebenen Oberfläche gilt für die Komponente der Scherspannung in x-Richtung

$$\tau_s = \frac{\partial \sigma_s}{\partial x} = \frac{d\sigma_s}{dT} \frac{\partial T}{\partial x} = \mu_s \frac{\partial v}{\partial z} = \mu_s \frac{v}{\Delta z} \qquad (2.1.1)$$

mit $\sigma_s = \sigma_{s0} + (T - T_0) \dfrac{d\sigma}{dT_c}$ \hfill (2.1.2)

Für Metalle insbesondere für Legierungen (Edelstähle) ist diese z. T. nur unzureichend bekannt. Näherungsweise gilt für Eisen /2.1.1/

$$\boxed{\sigma_s \approx 1,87 \left[\frac{N}{m}\right] + (T - 1809) \, [K] \left(-4,9 \cdot 10^{-4} \left[\frac{N}{Km}\right]\right)} \qquad (2.1.3)$$

Da für reines Eisen $\dfrac{d\sigma_s}{dT} = -4,9 \cdot 10^{-4} \left[\dfrac{N}{Km}\right] < 0$ ist, entsteht eine Bewegung der Schmelze an der Oberfläche vom warmen zum kälteren Bereich hin. Dieser Effekt ist in der Literatur als Marangoni-Effekt bekannt. Die Geschwindigkeit v mit der die Schmelze strömt ergibt sich aus der dynamischen Viskosität μ_s Näherungsweise gilt:

$$v \simeq \frac{d\sigma_s}{dT} \frac{\Delta T}{\mu_s} \frac{\Delta z}{\Delta x} \qquad \begin{array}{l} \Delta z = \text{Schmelzbadtiefe bei } x = 0 \\ \Delta x = \text{Schmelzbadbreite bei } z = 0 \\ \Delta T = T_{max} - T_{melt} \end{array} \qquad (2.1.4)$$

mit $\frac{\Delta z}{\Delta x} \simeq \frac{1}{2}$. Die Geschwindigkeiten liegen typischerweise in der Größenordnung von 1 - 10 m/s. Die Schmelzströmung an der Oberfläche hat eine Strömung mit Wirbelstruktur im Inneren der Schmelzzone zur Folge. Dies ist schematisch in Abb. 2.1.2 dargestellt.

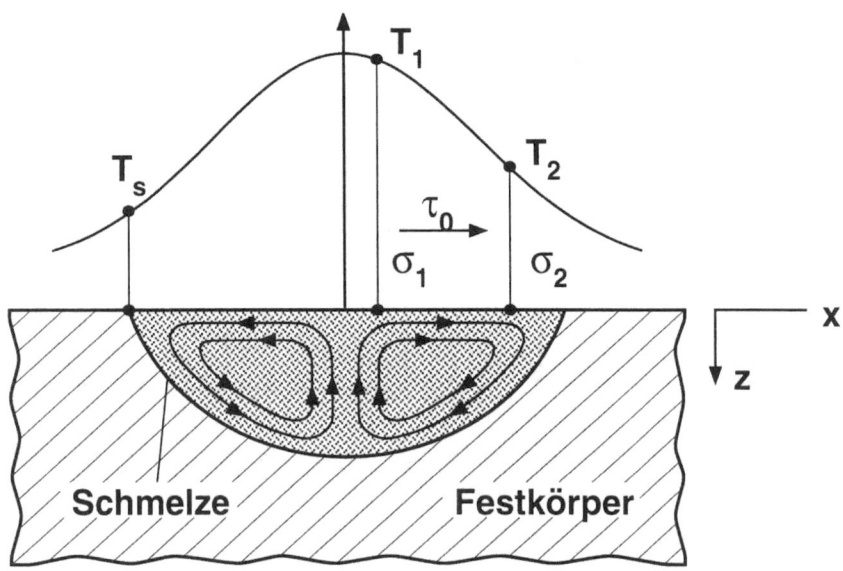

Abb. 2.1.2   Schematische Darstellung der turbulenten Schmelzbadbewegung beim Wärmeleitungsschweißen im Falle eines negativen Gradienten $d\sigma_s/dT$ (z.B. Eisen). Die Oberflächenspannung τ_1 ist geringer als τ_2. Hierdurch entsteht eine Scherspannung, welche die Schmelze an der Oberfläche in Richtung geringerer Temperatur bewegt /2.1.2/.

Die Wärme wird durch die Schmelzbadbewegung bei negativen $\frac{d\sigma_s}{dT}$ verstärkt zur Seite transportiert. Das Schmelzbad wird breiter und flacher (siehe Abb. 2.1.4)

Erfolgt eine Relativbewegung zwischen Werkstück und Laserstrahl, so ändern sich die Verhältnisse. Die Temperaturverteilung um den Laserstrahl herum ist nicht mehr symmetrisch. Abbildung 2.1.3 zeigt die Isothermen einer ruhenden und einer bewegten Punktquelle (siehe auch Anhang A2). In Bewegungsrichtung rücken die Isothermen näher zusammen. Hierdurch entsteht ein dort größerer Temperaturgradient als zu den Seiten oder entgegen der Bewegungsrichtung.

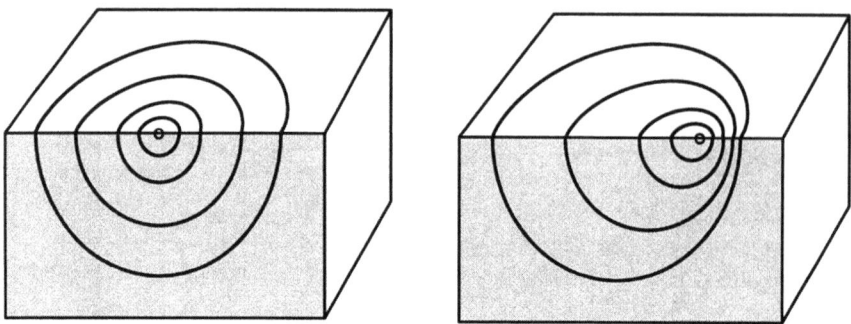

Abb 2.1.3 Temperaturverteilung (Isothermen) für eine ruhende und eine bewegte punktförmige Wärmequelle.

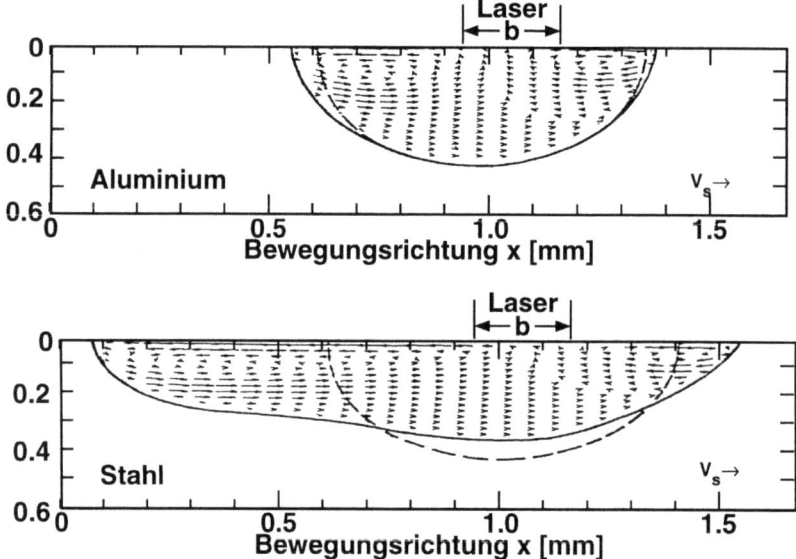

Abb. 2.1.4 Numerisch berechnete Geometrie der Schmelzzone in Bewegungsrichtung für Stahl und Aluminium (v_s=6 mm/s). Die gestrichelte Linie gibt die Schmelzisotherme unter Vernachlässigung der Konvektion an. Die Pfeile zeigen die Bewegungsrichtung der Schmelzzone /2.1.3/

Wärmeleitungsschweißen

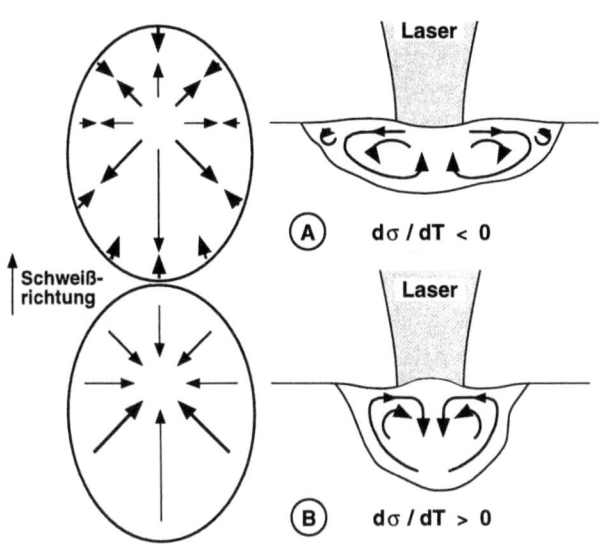

Abb. 2.1.5 Schmelzbadströmung als Funktion des Gradienten $\frac{\partial \sigma}{\partial T}$ unter der Annahme, das $T = T_{max}$ im Strahlzentrum (x=0) vorliegt. Für $\frac{\partial \sigma}{\partial T} < 0$ ergeben sich flachere und breitere Schmelzbäder, für $\frac{\partial \sigma}{\partial T} > 0$ weniger breite aber tiefere Schmelzbäder als im Falle reiner Wärmeleitung (ohne Konvektion)

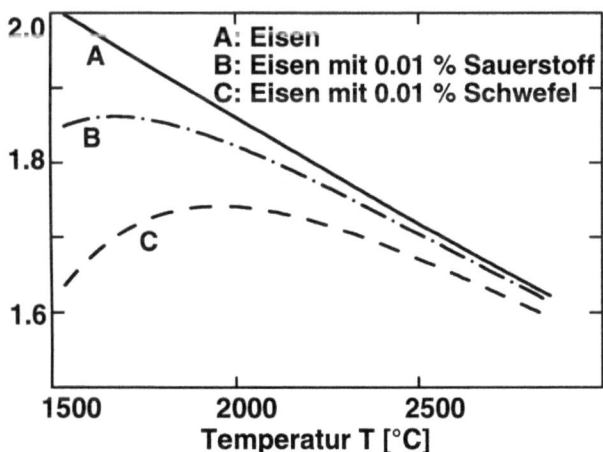

Abb. 2.1.6 Schematisches Verhalten der Oberflächenspannung mit der Temperatur

Eisen: $\frac{\partial \sigma}{\partial T} < 0$

Stahl: $\frac{\partial \sigma}{\partial T} \approx 0$

Eisen + Schwefel: $\frac{\partial \sigma}{\partial T} > 0$

In Abbildung 2.1.4 ist der Einfluß des konvektiven Energietransportes unter Berücksichtigung einer Vorschubbewegung an einem Beispiel für Stahl und Aluminium aufgezeigt /2.1.3/. Dargestellt ist ein Schnitt durch die Mitte der Schmelzzone, wobei sich der Laserstrahl von links nach rechts bewegt. Die Pfeile geben die Strömungsrichtung und die Länge der Pfeile den Betrag der Geschwindigkeit an. Während die durchgezogene Linie die Phasengrenze fest-flüssig unter Berücksichtigung von Wärmeleitung und Konvektion angibt, ist bei der gestrichelten Linie nur die Wärmeleitung berücksichtigt. Da bei Aluminium der Beitrag der diffusiven Wärmeleitung deutlich größer als bei Stahl ist, ist der Einfluß der Konvektion erheblich geringer.

Aus den aufgezeigten Temperaturgradienten an der Oberfläche ergeben sich Scherspannungen, welche eine unsymmetrische Bewegung der Schmelze zur Folge haben. Im Zentrum ergibt sich eine Druckabsenkung. Am Schmelzrand hingegen erfolgt durch das Abbremsen der Schmelze eine Druckerhöhung. Dies führt zur Aufwölbung der Schmelze am Rand und zu einer Vertiefung im Zentrum. Abbildung 2.1.7 zeigt eine typische Oberflächendeformation beim "Wärmeleitungsschweißen". Diese stellt in der Regel die Startphase einer Kapillarbildung dar. Aufgrund der auftretenden Mehrfachreflexionen und der winkelabhängigen Absorption der Laserstrahlung erhöht sich die Energieeinkopplung. Die sich durch die Wärmeleitung ergebende maximale Schmelztiefe kann somit durch eine Deformation der Oberfläche vergrößert werden.

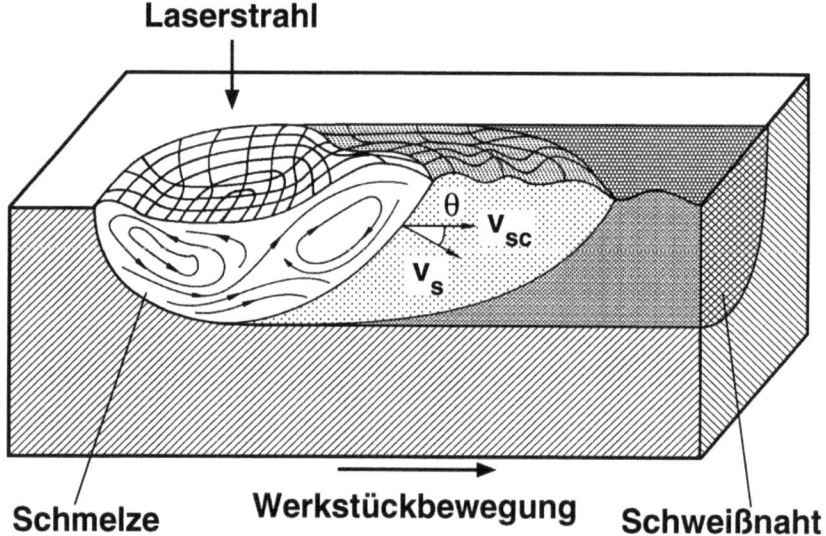

Bild 2.1.7: Schmelzbaddynamik und deformierte Oberfläche beim Schmelzschweißen

Aus der Literatur sind eine Reihe von Modellen zur Beschreibung der Schmelzbaddynamik bekannt. Die wesentlichen Modelle, welche von einer ebenen Oberfläche ausgehen, hat Mazumder zusammengefaßt /2.1.4/. Darüber hinaus wurden Modelle veröffentlicht, welche eine Oberflächendeformation zulassen /2.1.5/2.1.6/. Von Wang /2.1.7/ ist ein dreidimensionales Modell mit freier Oberfläche ohne Bewegung der Quelle bekannt. Von Kreutz und Pirch /2.1.8/ sind zwei- und dreidimensionale selbstkonsistente Modelle zur Schmelzbaddynamik mit bewegter Quelle veröffentlicht worden, welche gleichzeitig eine Deformation der Oberfläche berechnen.

Als Basis werden:

- die Wärmeleitungsgleichung (Energiebilanz)
- die Navier-Stokes Gleichung (Impulsbilanz)
- und die Kontinuitätsgleichung (Massenbilanz)

verwendet.

Die absorbierte Laserstrahlung wird dabei in den Randbedingungen der Energiegleichung in Form einer Oberflächenwärmequelle berücksichtigt. Das partielle Differentialgleichungssystem kann nur numerisch gelöst werden. Bei dem von Kreutz und Pirch angewandten Verfahren wird eine Fixpunktiteration zur Bestimmung der fest/flüssigen Phasengrenze durchgeführt. Als Ausgangspunkt dient die Lösung der Wärmeleitungsgleichung mit Vorschub ohne Berücksichtigung der Schmelzbadbewegung. Anschließend wird aus der ermittelten Temperaturverteilung die Geschwindigkeitsverteilung berechnet. Aufgrund der Schmelzdynamik ergibt sich ein geänderter Wärmefluß. Im nächsten Schritt wird die Schmelzbadgeometrie (inklusive der Oberfläche) berechnet, woraufhin die Iteration erneut beginnt.

Von besonderer Bedeutung für eine Schweißverbindung ist die Durchmischung der Schmelze. Dies gilt besonders für das Verbinden unterschiedlicher Materialien, bei denen eine homogene Durchmischung erreicht werden soll. In dem Schliffbild in Abb. 2.1.8 ist zu erkennen, daß sich das an der Oberfläche eingebrachte (Nickel) aufgrund der Konvektion im Schmelzbad verteilt und somit eine starke Durchmischung stattfindet.

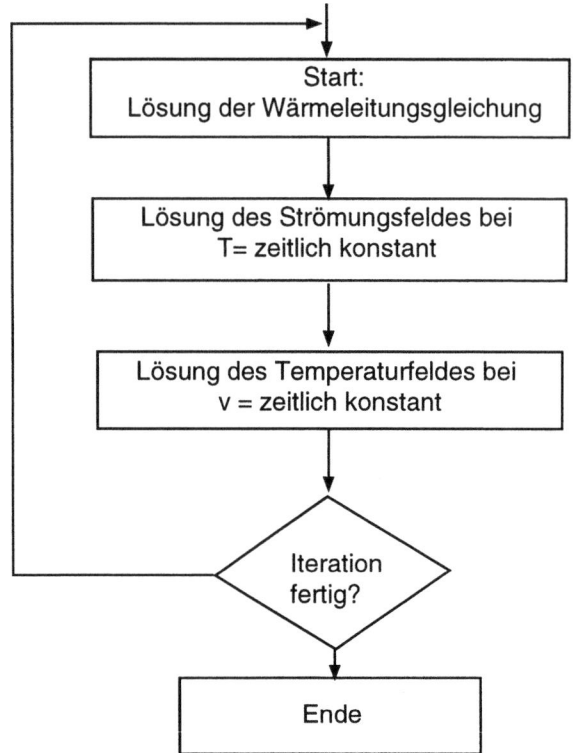

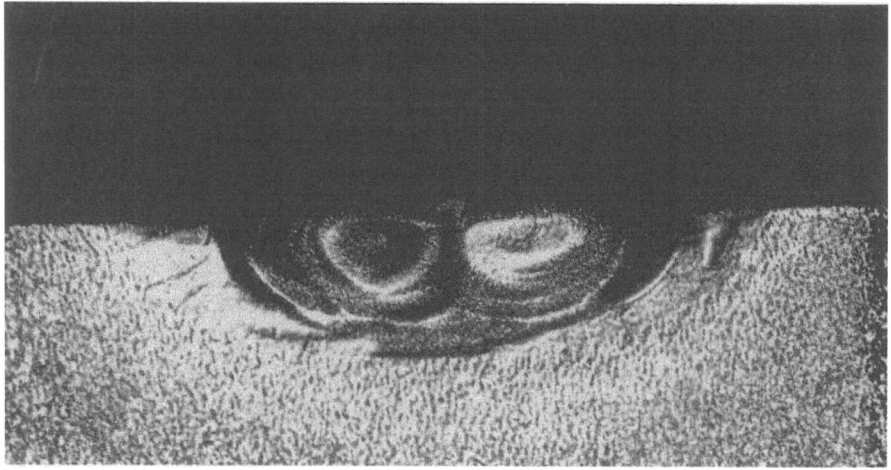

Abb. 2.1.8 Schliffbild einer Schweißnaht in einem Stahlblech. Zu erkennen ist, daß sich das eingebrachte Kontrastmaterial (Nickel) aufgrund der turbulenten Schmelzbaddynamik im Schweißnahtbereich verteilt hat.

2.2 Tiefschweißen

Wird beim Wärmeleitungsschweißen die Intensität der Laserstrahlung erhöht, so kann lokal Verdampfungstemperatur an der Werkstückoberfläche erreicht werden. Dies hat zur Folge, daß sich zum einen die Schmelzoberfläche weiter deformiert und zum anderen sich der Laserstrahl ein feines Loch in das Werkstück bohrt. Beides führt zum Ausbilden einer Dampfkapillaren, deren Geometrie von den Laser-, Prozeß- und Stoffparametern abhängt (Abb. 2.0.1b). Der Durchmesser dieser Dampfkapillaren liegt typischerweise in der Größenordnung des Strahldurchmessers (0,2 - 1 mm). Die Tiefe entspricht etwa der Einschweißtiefe. Durch diese Dampfkapillare kann die Laserstrahlung entsprechend tief in das Werkstück eindringen. Die Dampfkapillare ist von einer flüssigen Phase umgeben. Durch den Druck des verdampfenden Materials wird das Schließen derselben verhindert. Aufgrund der Vorschubbewegung wird die Kapillare wie eine feine Röhre durch den Werkstoff geführt, wobei die Schmelze zum Teil um die Kapillare herum strömt. Ein anderer Teil der Schmelze verdampft und strömt als ionisierter Metalldampf aus der Kapillare heraus während ein weiterer Teil des Dampfes an der kälteren Kapillarrückwand kondensiert. Das Modell der Dampfkapillare beim Laserstrahlschweißen entspricht dem des Elektronenstrahlschweißens /2.2.1-2.2.4/. Die Dampfkapillare ermöglicht das "Tiefschweißen", welches die für das Laserschweißen typischen tiefen und schlanken Nähte ermöglicht.

Lasersysteme zum Schweißen werden z. Z. bis zu einer mittleren Strahlleistung von P_L = 45 kW kommerziell angeboten. Hierbei handelt es sich um CO_2-Laser, die eine Einschweißtiefe von bis zu 40 mm in Stahl ermöglichen.

Aufgrund der vergleichsweise hohen Leistungsdichten, die bei der Werkstoffbearbeitung mit Lasern eingesetzt werden, sind entsprechend große Schweißgeschwindigkeiten möglich. Gleichzeitig ist der Bearbeitungsvorgang örtlich begrenzt, so daß die absolut zugeführte Energie, bzw. die Streckenenergie verglichen mit anderen Schweißverfahren gering ist. Hierdurch ergibt sich die Möglichkeit des verzugsarmen Bearbeitens. Abbildung 2.2.1 zeigt einen Vergleich von Schweißnähten, welche mit konventionellen Verfahren und dem Laser hergestellt wurden.

Zum Tiefschweißen mit Laserstrahlen gibt es aufgrund der Komplexität der Vorgänge (Wärmeleitung, Schmelzbewegung, Mehrfachreflexionen, Plasmaabsorption, etc.) noch keine geschlossenen selbstkonsistenten Modellösungen. Aus diesem Grund werden in den folgenden Kapiteln die für ein

Verständnis des Prozeßablaufes wesentlichen Vorgänge separiert betrachtet. Näherungsmodelle zur Beschreibung der Schweißnahtgeometrie werden in Kapitel 9 vorgestellt.

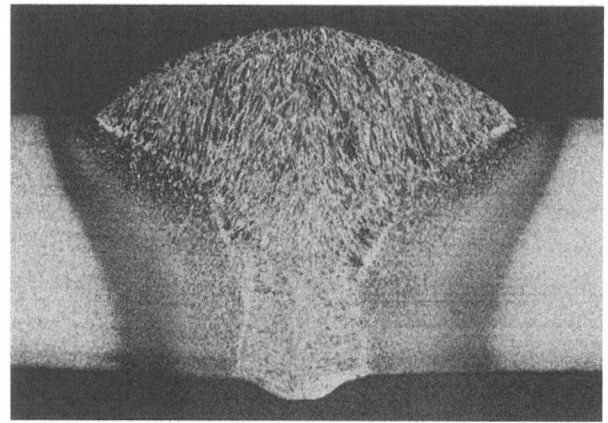
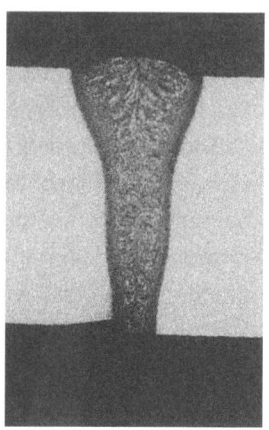

V-Naht 50° zweilagig
P_1 = 2,8 kW; v_S = 0,3 m/min
P_2 = 4,9 kW; v_S = 0,35 m/min

P_L = 7 kW
v_S = 2,4 m/min
k = 0,25, F = 7

Abb. 2.2.1 Vergleich von Laserstrahlschweißnähten mit Nähten, welche mit konventionellen Verfahren hergestellt wurden. Material St 52-3, t_s = 6 mm

2.3 Beispiele

Mit dem Laserstrahl können nahezu alle Stoßformen verschweißt werden. Eine V-, Y- oder X-förmige Stoßkantenvorbereitung ist für das Laserstrahlschweißen nicht erforderlich, bzw. sinnvoll. Bei derartig vorbereiteten Stoßkanten muß ein Zusatzwerkstoff beigefügt werden. Gleiches ist erforderlich, wenn der Spalt zwischen den zu fügenden Teilen zu groß wird. Jedoch sollte, wenn der Werkstoff bzw. die Bauteilgeometrie es erlauben, auf den Einsatz von Zusatzmaterial verzichtet werden. Bei der Verwendung von Zusatzmaterial muß i. a. die Schweißgeschwindigkeit reduziert oder die Strahlleistung erhöht werden. Hierdurch ergibt sich eine stärkere Wärmebelastung des Bauteiles. In diesem Fall kann auf eine aufwendige Stoßkantenvorbereitung verzichtet werden. Im Folgenden sind Beispiele für laserstrahlgeschweißte Verbindungen unterschiedlicher Stoßkonfigurationen aufgeführt.

$s = 25$ mm $r_F = 330$ µm $F = 10$
$P_L = 20$ kW $v_s = 0,6$ m/min

Abb. 2.3.1 Laserstrahlschweißung eines 25 mm dicken St52-3 Bleches

$s = 15$ mm $P_L = 20$ kW $r_F = 330$ µm $v_s = 1,2$ m/min $F = 10$

Abb. 2.3.2 Laserstrahlschweißung einer 15 mm dicken T-Stoß Verbindung (Werkstoff St52-3)

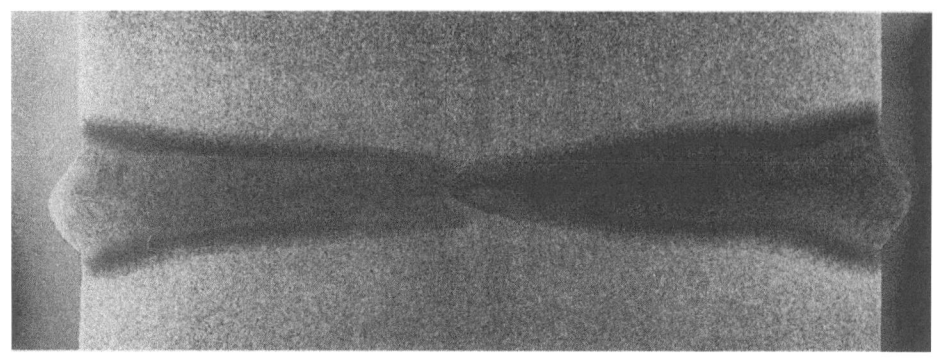

|——————————— 50 mm ———————————|

$v_{s1} = 0.6$ m/min $F = 10$ $P_L = 20$ kW
$v_{s2} = 0.6$ m/min $r_F = 330$ µm

Abb.: 2.3.3   Beidseitig geschweißte Naht eines 50 mm dicken St52-3 Bleches

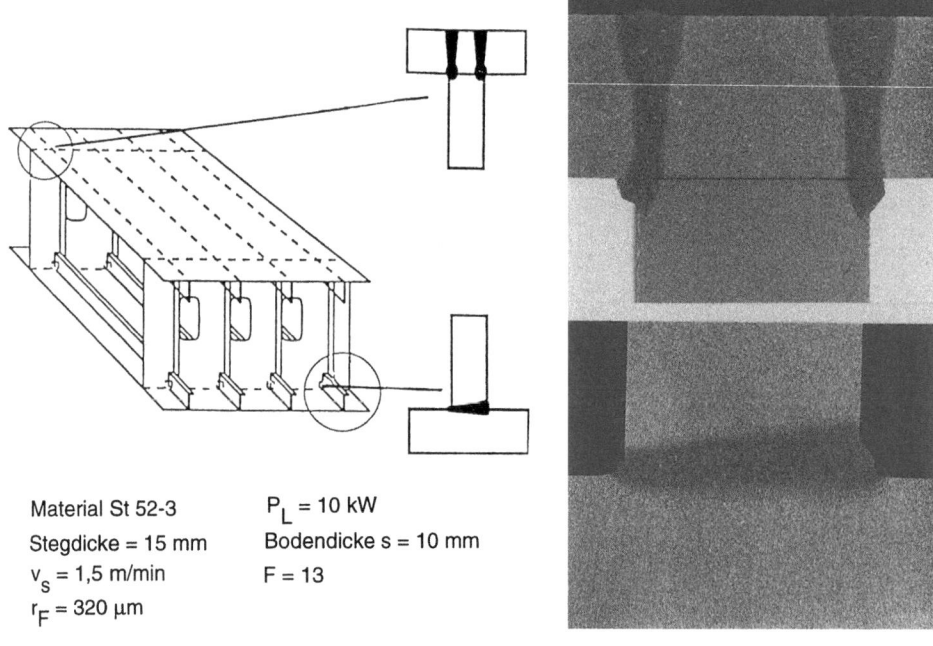

Material St 52-3 $P_L = 10$ kW
Stegdicke = 15 mm   Bodendicke s = 10 mm
$v_s = 1,5$ m/min $F = 13$
$r_F = 320$ µm

Abb. 2.3.4   Laserstrahlschweißungen an Doppelböden

Beispiele

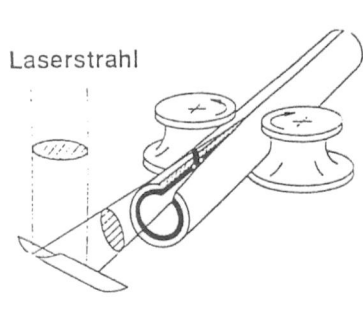

$P_L = 20$ kW
6 mm < s < 12 mm
20 m/min > v_s > 5 m/min

Abb. 2.3.5   s - Polarisationsschweißen von Rohren. Die Polarisationsrichtung der Laserstrahlung ist so gewählt, daß der Strahl in den Rohrkanten verstärkt reflektiert wird. Hierdurch wird er bis zur Fügestelle geführt und fokussiert /2.3.1/

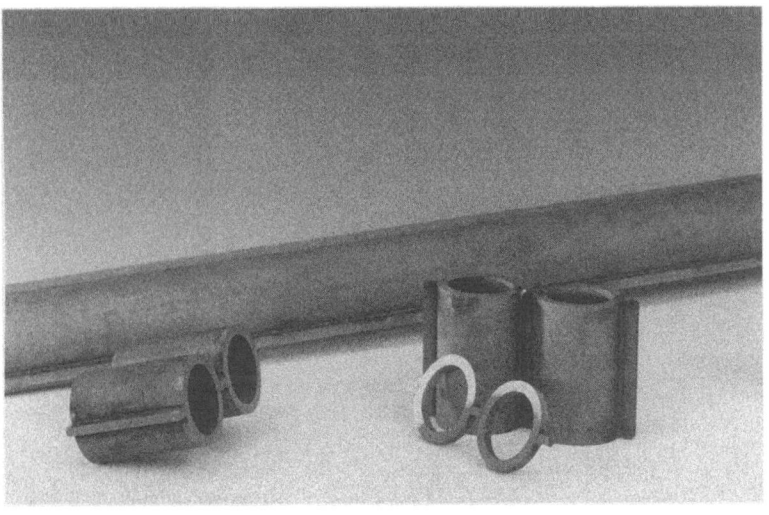

$P_L = 10$ kW $F = 13{,}5$ $s = 6$ mm
$r_F = 320$ µm $v_s = 2{,}7$ m/min

Abb. 2.3.6   Laserstrahlgeschweißte Flossenrohre

$P_L = 5$ kW $\qquad$ F = 5 $\qquad$ Leckrate < 10 - 11 mbar l/s
$r_F = 120$ µm $\qquad$ $v_s = 0{,}6 - 1{,}5$ m/min $\qquad$ s = 6 - 8 mm

Abb. 2.3.7 Laserstrahlgeschweißte Hochvakuumkammer

$P_L = 4{,}5$ kW $\qquad$ F = 5 $\qquad$ s = 4 mm
$r_F = 120$ µm $\qquad$ $v_s = 4$ m/min $\qquad$ Material: AlMg2Mn0.3W16

Abb. 2.3.8 Laserstrahlschweißung an einer Poly-V-Riemenscheibe

$P_L = 5$ kW $\quad$ $F = 5$ $\quad$ $s = 3$ mm
$r_F = 120$ mm $\quad$ $v_s = 5{,}3$ m/min $\quad$ Material = St 52-3

Abb. 2.3.9 Laserstrahlschweißung eines Torsionsschwingungsdämpfers

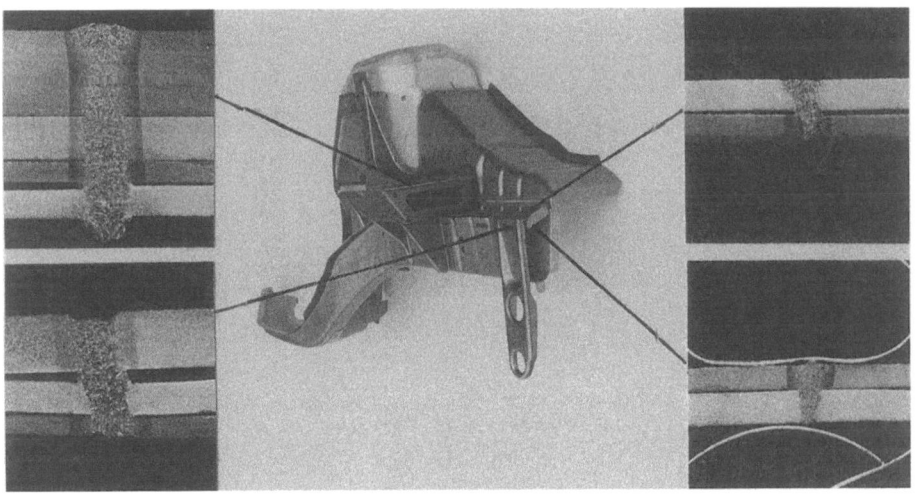

$P_L = 5{,}1$ kW $\quad$ $F = 6{,}9$
$v_s = 1{,}5$ m/min $\quad$ $r_F = 187$ μm

Abb. 2.3.10 Beispiel aus dem Karosseriebau, Laserstrahlschweißen verzinkter Seitenträger

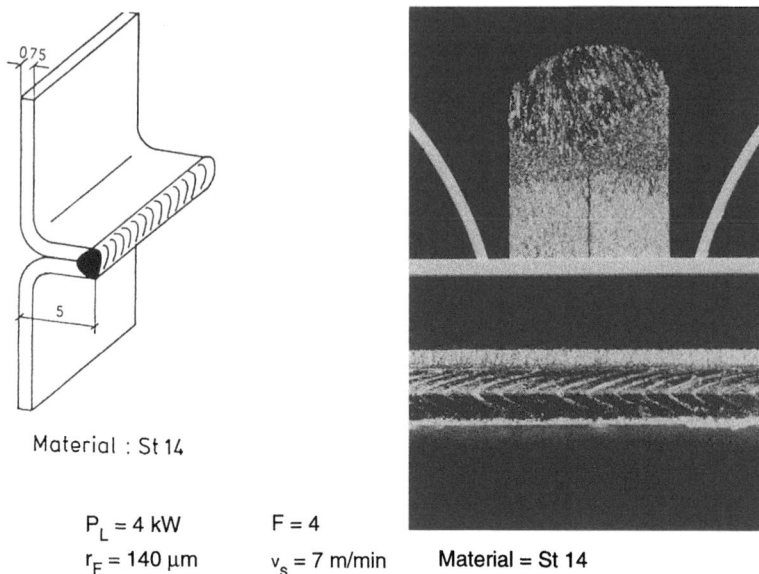

Material : St 14

$P_L = 4$ kW $\quad F = 4$
$r_F = 140$ µm $\quad v_s = 7$ m/min $\quad$ Material = St 14

Abb. 2.3.11 Laserstrahlgeschweißte Bördelnaht (Karosserieteile)

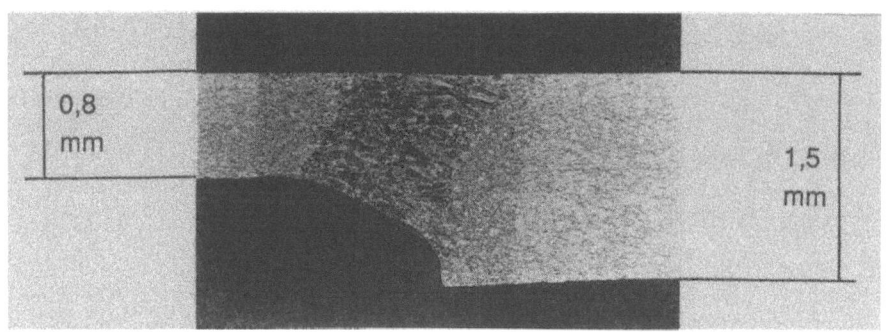

P_L 4,5 kW $\quad r_F = 160$ µm
$v_s = 2$ m/min $\quad F = 5$
p - polarisiert

Abb. 2.3.12 Laserstrahlschweißen von Platinen unterschiedlicher Blechdicken (Taylored Blankes)

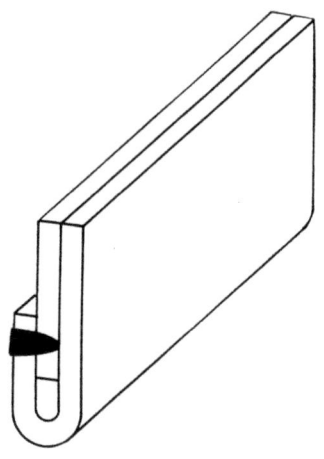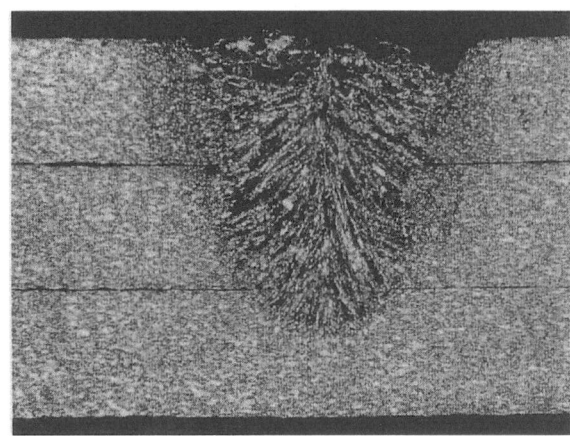

Material: St 14
s = 0,75 mm
F = 4

v_s = 5,5 m/min
P_L = 4 kW
r_F = 170 µm

Abb. 2.3.13   Laserstrahlschweißen an Karosserieblechen im Überlapp, die an der Außenseite nicht sichtbar sind

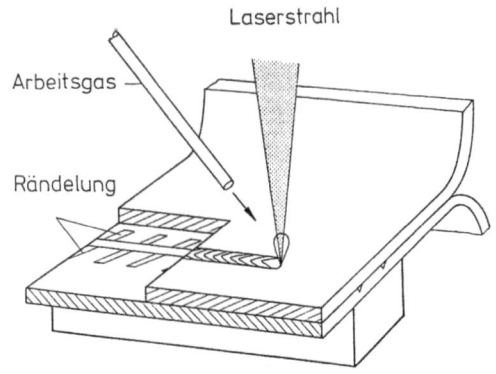

P_L = 5 kW
v_s = 9,6 m/min
r_F = 160 µm

f = 200 mm
F = 6

Abb. 2.3.14   Schweißen verzinkter Bleche im Überlapp ist ohne Spalt nur möglich bei angepaßter Gasströmung und Rändelung

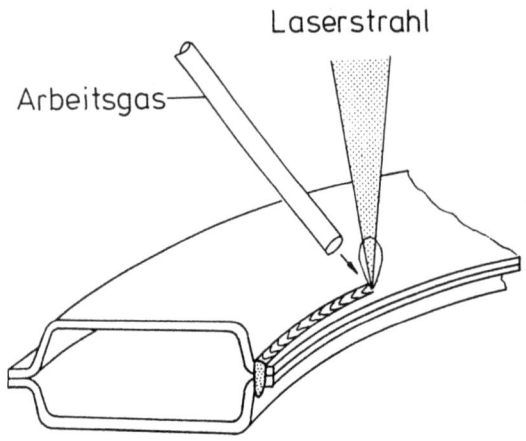 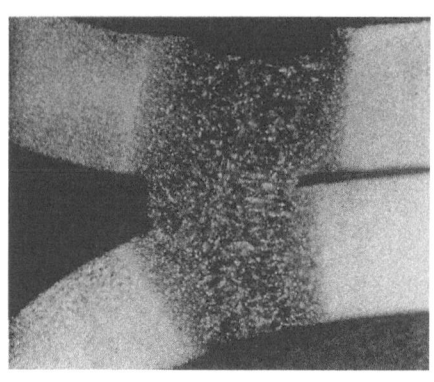

$P_L = 5$ kW $\quad$ f = 200 mm
$v_S = 1.8$ m/min $\quad$ F = 6
$r_F = 170$ µm

Abb. 2.3.15 Schweißen verzinkter Bleche im Überlappstoß durch Ausnutzung eines "natürlichen Spaltes"

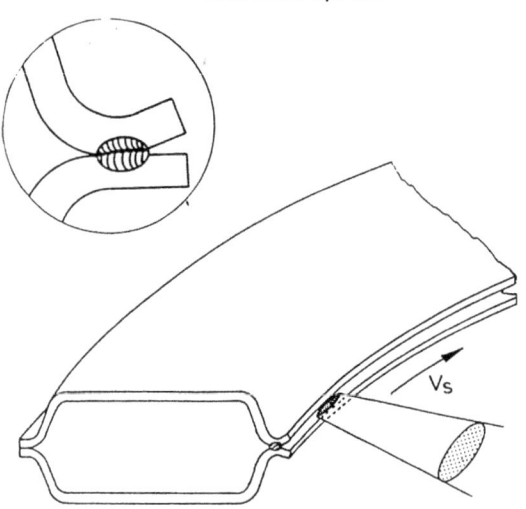 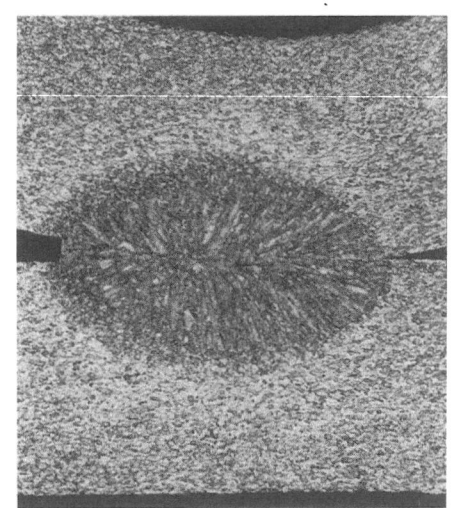

Material: St 14 $\quad v_S = 6$ m/min
$P_L = 2$ kW $\quad$ elliptischer Strahl: $r_{F1} = 170$ µm
s = 1,5 µm $\quad\quad\quad\quad\quad\quad\quad r_{F2} = 1$ µm

Abb. 2.3.16 s-Polarisationsschweißen von unverzinkten Karosserieteilen

Abb. 2.3.17   Laserstrahlschweißen von Leichtbau-Strukturelementen

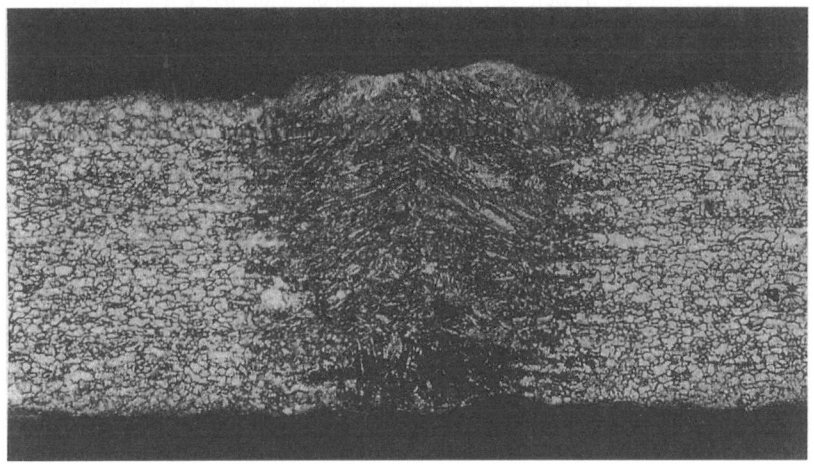

$P_L = 2$ kW $v_S = 70$ m/min
$r_F = 110$ µm $s = 0{,}2$ mm
$F = 4$ He = 5 l/min

Abb. 2.3.18   Hochgeschwindigkeits-Laserschweißen von Dosenblech

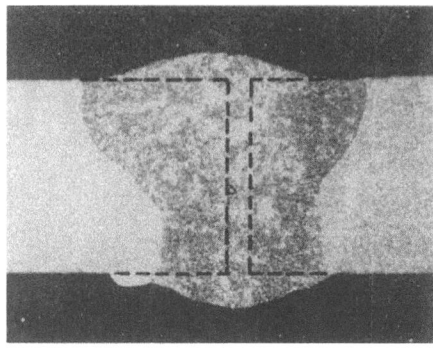 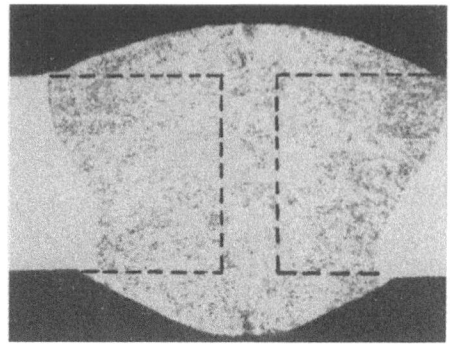

Spaltweite = 0. 3 mm
v_S = 3 m/min
v_d = 4 m/min
Werkstoff: AlMgSi1
s = 2.5 mm

Spaltweite = 0. 7 mm
v_S = 2 m/min
v_d = 5 m/min
Zusatzwerkstoff: S-AlSi5
d = 1.6 mm P_L = 4.5 kW

Abb. 2.3.19   Laserstrahlschweißen von Aluminiumstumpfnähten mit Zusatzwerkstoff bei verschiedenen Spaltbreiten

Abb. 2.3.20:   Laserstrahlschweißungen von Leichtbaustrukturelementen aus Aluminium

3. Energieeinkopplung

Zur Beschreibung des Schweißprozesses müssen für das "Wärmeleitungsschweißen" und das "Tiefschweißen" unterschiedliche Terme in der Energie-, bzw. Leistungsbilanz berücksichtigt werden. Für das Wärmeleitungsschweißen gilt:

$$P_L = P_{refl} + P_{abs} + P_{trans} + P_{Plasma} + P_{Dampf} \quad (3.0.1)$$

P_L = eingestrahlte Laserleistung
P_{refl} = reflektierte Laserleistung
P_{abs} = absorbierte Laserleistung
P_{trans} = transmittierte Laserleistung
P_{Plasma} = durch das Plasma abgeschirmte Laserleistung
P_{Dampf} = Verlustleistung durch abströmenden Metalldampf

Beim Wärmeleitungsschweißen ist die transmittierte Laserstrahlung $P_{trans} = 0$ solange kein Spalt zwischen den zu fügenden Bauteilen vorliegt. Ein laserinduziertes Plasma tritt erst dann auf, wenn die Verdampfungstemperatur auf der Werkstückoberfläche überschritten ist und sich ein Metalldampf bildet.

Dieses ist beim Wärmeleitungsschweißen nicht der Fall, so daß $P_{Plasma} = 0$. Beim Tiefschweißen tritt im Fall einer an der Werkstückunterseite geöffneten Dampfkapillaren ein Teil der Laserstrahlung aus und muß berücksichtigt werden ($P_{trans} \neq 0$). Im Falle einer Einschweißung ist die Kapillare an der Unterseite geschlossen ($P_{trans} = 0$).

Aufgrund der höheren Strahlungsintensitäten bilden sich beim Tiefschweißen an Atmosphäre laserinduzierte Plasmen aus. Diese können einen merklichen Teil der Laserstrahlung oberhalb des Werkstückes absorbieren. Hierdurch steht für den Schweißprozeß nur ein verminderter Leistungsanteil zur Verfügung. Diese Plasmaabsorption kann durch die Verwendung von Prozeßgasen (z.B. He) weitgehend unterdrückt werden. Sie muß jedoch bei hohen Laserstrahlintensitäten in der Leistungsbilanz berücksichtigt werden.

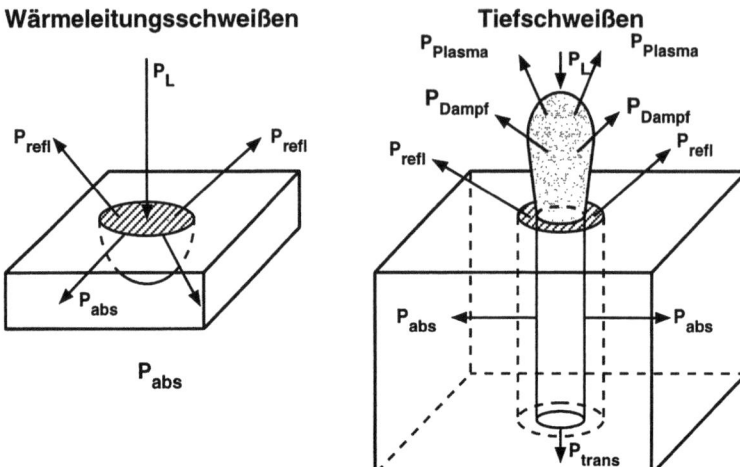

Abb. 3.0.1 Dargestellt sind die Terme, welche in der Energie- bzw. Leistungbilanz beim Wärmeleitungs- und Tiefschweißen berücksichtigt werden müssen /3.0.1/ /3.0.2/

3.1 Strahlungsabsorption

Für eine vorgegebene Laserwellenlänge ist der Absorptionsgrad A im Bereich niedriger absorbierter Intensitäten ($I < 10^4$ W/cm^2 bei Metallen) eine materialspezifische temperaturabhängige optische Konstante. In Abbildung 3.1.1 ist das Absorptionsverhalten einer Reihe von Metallen als Funktion der Laserwellenlänge für T = 300 K dargestellt. Bei metallischen Körpern erfolgt eine Wechselwirkung mit der Laserstrahlung über die Elektronen im Leitungsband. Nach dem Bändermodell verhalten sich Elektronen eines nicht aufgefüllten Bandes im Festkörper (Leitungsband) nahezu wie klassische freie Elektronen. Deshalb können die Formeln zur Beschreibung der Absorption in Plasmen auch auf Metalle angewandt werden /3.1.1/.

Die freien Elektronen des Metalls bewegen sich bewegen sich aufgrund der kleine Masse relativ leicht mit der elektrischen Feldstärke des Laserlichtes mit. Freie Elektronen können im zeitlichen Mittel aus dem elektromagnetischen Wechselfeld des Laserlichtes keine Energie aufnehmen. Sie können mit einem oszillierenden Dipol verglichen werden, der phasenverschoben die aufgenommene Energie wieder abstrahlt.

Die Absorption eines Teils des Laserlichtes erfolgt dadurch, daß sich die Elektronen nicht in idealer Weise frei bewegen können, sondern mit anderen Teilchen zusammenstoßen und somit im Wechselfeld beschleunigt werden können. Dieser Mechanismus wird inverse Bremsstrahlung genannt. Die Energieeinkopplung (Absorption) in das Material erfolgt somit durch Stöße der Elektronen (im Gas mit Atomen oder Ionen, im Festkörper mit Gitterstörstellen und Phononen).

Aus der Bewegungsgleichung für Elektronen kann die Dielektrizitätskonstante ε hergeleitet werden, die direkt in die Wellengleichung für die Ausbreitung elektromagnetischer Wellen ins Medium eingeht. Die Wellengleichung lautet:

$$\Delta E = \frac{\epsilon \mu}{c_0^2} \frac{\partial^2 E}{\partial t^2} + \frac{\mu G}{c_0^2} \frac{\partial E}{\partial t}$$

Feldstärke: $E = E_0 \, e^{\,i(kx - \omega_L t)}$

Wellenzahl: $k^2 = n^{*2} \, \omega_L^2/c^2$ (3.1.1)

komplexer Brechungsindex: $n^* = n + i\,k_e$

$$n^{*2} = \epsilon = (n + i\,k_e)^2 = n^2 - k_e^2 + 2\,i\,n\,k_e$$

Dabei ist n der reelle Brechungsindex und ist k_e der Extinktionsindex, der die exponentielle Dämpfung des Strahlungsfeldes im Medium berücksichtigt. Der Extinktionskoeffizient ist mit dem Absorptionskoeffizienten α über die Vakuumwellenlänge λ verknüpft: $\alpha = \frac{4\pi}{\lambda} k_e$

μ ist die relative magnetische Permeabilität. Da selbst für ferromagnetische Metalle die Schmelztemperatur oberhalb der Curie-Temperatur liegt, kann für den Fall des Laserstrahlschweißens μ zu 1 gesetzt werden.

Die Leitfähigkeit G und die Dielektrizitätskonstante ε sind komplexe Größen. Aus der Bewegungsgleichung ergibt sich ein Zusammenhang zwischen komplexer Leitfähigkeit G (iω) und der Elektronenstoßfrequenz ν_c.

$$G(i\omega) = \frac{G_0}{1 - i\,\omega_L/\nu_c} \qquad (3.1.2)$$

Für ε folgt:
$$G_0 = \text{Gleichstromleitfähigkeit} = \varepsilon_0\, \omega_P^2/\nu_c$$

$$\epsilon = \epsilon_1 + i\epsilon_2 = 1 + \frac{\omega_p^2}{\omega_L^2 - i\,\omega_L\,\nu_c} \qquad (3.1.3)$$

ε = Dielektrizitätskonstante

ω_L = Laserfrequenz = $2\pi\,(c_0/\lambda)$

ω_{CO_2} = $1{,}78 \cdot 10^{14}$ 1/s

$\omega_{Nd\text{-}YAG}$ = $1{,}7 \cdot 10^{15}$ 1/s

c_O = Lichtgeschwindigkeit

ω_p = Plasmafrequenz

$$= \sqrt{\frac{e^2}{\epsilon_0 m_e}}\sqrt{n_e} = 5{,}64 \cdot 10^4 \sqrt{n_e(cm^3)}\ 1/s \qquad (3.1.4)$$

n_e = Elektronenzahldichte (1/cm^3)

ν_c = Elektronenstoßfrequenz (1/s)

m_e = Elektronenmasse (kg)

Aus Gleichung 3.1.3 folgt für die Real- und Imaginärteile

$$\epsilon_1 = 1 + \frac{\omega_p^2}{\omega_L^2 + \nu_c^2} \qquad (3.1.5)$$

$$\epsilon_2 = \frac{\nu_c}{\omega_L}\,\frac{\omega_p^2}{\omega_L^2 + \nu_c^2} \qquad (3.1.6)$$

Für den Brechungindex und den Absorptionskoeffizienten ergeben sich somit die allgemeinen Beziehungen

$$\boxed{\,n = \sqrt{\frac{1}{2}\left(\sqrt{\epsilon_1^2 + \epsilon_2^2} + \epsilon_1\right)}\,} \qquad (3.1.7)$$

Strahlungsabsorption

$$\alpha = \frac{4\pi}{\lambda}\sqrt{\frac{1}{2}\left(\sqrt{\epsilon_1^2+\epsilon_2^2}-\epsilon_1\right)} \qquad (3.1.8)$$

Für $\omega_p < \omega$ kann der Absorptionskoeffizient genähert werden

$$\alpha \simeq \frac{2\pi}{\lambda}\epsilon_2 = \frac{\nu_c \omega_p^2}{c_0\left(\omega_L^2+\nu_c^2\right)} \sim \frac{\nu_c n_e}{\omega_L^2+\nu_c^2} \qquad (3.1.9)$$

Diese Näherung gilt auch für $\omega_p > \omega_L$, wenn $\nu_c > \omega_p$ ist.

Da die Stoßfrequenz der Elektronen im Metall in der Größenordnung der Laserfrequenz liegt, ist diese Näherung nicht immer zu verwenden. Die elastische Stoßfrequenz ν_c der freien Elektronen wird im wesentlichen durch zwei Prozesse bestimmt:

- Stöße der Elektronen mit Störstellen, Versetzungen und anderen Unregelmäßigkeiten des Kristallgitters.

- Wechselwirkung der Elektronen mit Phononen (Gitterschwingungen).

Die elastische Stoßfrequenz setzt sich additiv aus beiden Stoßarten zusammen:

$$\nu_c = \nu_{St} + \nu_{Ph} \qquad (3.1.10)$$

ν_{St}: Stoßfrequenz der Elektronen mit Gitterstörstellen
ν_{Ph}: Stoßfrequenz der Elektronen mit Phononen

ν_{St} ist abhängig von der Anzahl der Gitterstörstellen, die ihrerseits temperaturunabhängig ist. Es gilt:

$$\nu_{St} = const. \qquad (3.1.11)$$

ν_{Ph} nimmt mit steigender Temperatur zu, da die Phononendichte im Festkörper bei zunehmender Temperatur wächst. Es gilt:

$$\nu_{Ph} = C_1 T \qquad (3.1.12)$$

C_1 : spez. Materialkonstante

Mit zunehmender Temperatur steigt die Phononendichte im Festkörper und damit die Elektron-Phonon-Stoßfrequenz. Eine Temperaturerhöhung des Festkörpers hat somit eine Änderung des Absorptionsgrades der Laserstrahlung zur Folge /3.1.1/.

Das temperaturabhängige Absorptionsverhalten von Metallen kann mit Hilfe der experimentell bekannten Leitfähigkeitsänderung beschrieben werden. Da die Wärmeleitfähigkeit K(T) für viele Metalle bis zur Verdampfungstemperatur bekannt ist, kann mit Hilfe der Wiedemann-Franz-Beziehung der Einfluß der Festkörpertemperatur auf die Elektronenstoßfrequenz berechnet werden.

Für die Temperaturen: 20°C ≤ T ≤1600°C ergeben sich Werte für die Stoßfrequenz der Elektronen in Stahl von: $10^{15} \leq v_c \leq 10^{16}$ s^{-1}

$$\boxed{\nu_c = \omega_p^2 \epsilon_0 \frac{L}{K(T)} T} \qquad (3.1.13)$$

LT = K/G$_0$
L : Lorentzzahl   L(Cu) = 2.3 ·10^{-8} (WΩK^{-2})
L(Al) = 2.4 ·10^{-8} (WΩK^{-2})
L(Fe) = 2.48 ·10^{-8} (WΩK^{-2})
K(T): Wärmeleitfähigkeit

ϵ_0: Dielektrizitätskonstante des Vakuums

Die freie Elektronendichte ist für eine Reihe von Materialien (z. B. Eisen) nicht bekannt. Sie kann jedoch näherungsweise mittels der experimentell bekannten Leitfähigkeit und dem Reflexionsgrad für senkrechten Strahlungseinfall ermittelt werden.

Es ergeben sich Werte in der folgenden Größenordnung:

Tab. 3.1

	n_e(cm^{-3})	v_c(s^{-1}) (T = 300K)	R_L
Fe	≅ 4 · 10^{23}	1 · 10^{15}	≈ 0.96
St	≅ 4 · 10^{23}	2-7 · 10^{15}	≈ 0.9
Al	1.3 · 10^{23}	1.3 · 10^{14}	≈ 0.98

Gleichung 3.1.11 bzw 3.1.12 ist auch für metallische Schmelzen noch eine gute Näherung, da sich beim Phasenübergang die Nahordnung der Atome sowie die Beweglichkeit der freien Elektronen nur gering ändern.

Der Absorptionsgrad A_L der Laserstrahlung ergibt sich aus dem Reflexionsgrad R_L an der Oberfläche eines Festkörpers und dem Transmissionsgrad T_L durch den Werkstoff. Es gilt die Beziehung:

$$A_L + R_L + T_L = 1 \qquad (3.1.14)$$

Bei Metallen ist die Eindringtiefe der Laserstrahlung derart gering (10^{-8} - 10^{-10} m), daß sie praktisch immer klein gegen die Dicke des Werkstücks ist. Daher ist der Transmissionsgrad durch das Werkstück praktisch immer gleich 0. Der Absorptionsgrad folgt dann direkt aus dem Fresnel-Formeln. Für senkrechten Einfall gilt mit $T_L = 0$:

$$\boxed{A_L = 1 - \frac{(1-n)^2 + k_e^2}{(1+n)^2 + k_e^2}} \qquad (3.1.15)$$

wobei sich n und k_e aus den Gleichung 3.1.7 und 3.1.8 berechnen lassen.

In Abbildung 3.1.2 ist der nach Gleichung 3.1.15 mit Hilfe von Gleichung 3.1.7, 3.1.8 und 3.1.13 berechnete Absorptionsgrad A_L von Aluminium als Funktion der Temperatur aufgetragen. Die Rechnung gilt entsprechend den beschriebenen Relationen nur für eine ideale Oberfläche. Bei einer rauhen, verunreinigten oder oxidierten Oberfläche vermindert sich der Reflexionsgrad. Abbildung 3.1.3 zeigt das berechnete Reflexionsverhalten von Stahl als Funktion der Temperatur /3.1.1/.

Der Absorptionsgrad einer Oberfläche hängt von ihrer Rauhigkeit ab. Die Oberflächenrauhigkeit eines Werkstückes kann durch die mittlere arithmetische Rauhigkeit R_a charakterisiert werden. Tabelle 3.1.2 zeigt die Abhängigkeit des Absorptionsgrades unpolarisierter CO_2-Laserstrahlung an unterschiedlich vorbehandelten Stahloberflächen. Mit zunehmender Rauhigkeit nimmt auch der Absorptionsgrad zu.

Der Parameter R_a reicht jedoch zur Charakterisierung der Oberflächenbeschaffenheit nicht aus. Beispielsweise liegt bei vergleichbarer Rauhigkeit der Absorptionsgrad der geschliffenen Oberfläche deutlich über dem einer gefrästen Oberfläche. Verunreinigungen oder eine Oxidation der Oberfläche erhöhen ebenfalls die Absorption der Laserstrahlung. Diese sind für das

Schweißen ohnehin von größerer Bedeutung als die Rauhigkeit. Bei kleinen Schweißgeschwindigkeiten, bei denen die Schmelzisotherme aufgrund der vorlaufenden Wärmefront vor der Auftreffstelle des Strahles auf der Werkstückoberfläche liegt, erfolgt die Absorption an einer schmelzflüssigen Oberfläche. Diese besitzt auf Grund der Oberflächenspannung eine extrem geringe Rauhigkeit, so daß eine Berechnung der Absorption unter idealen Voraussetzungen gerechtfertigt ist.

Bei hohen Schweißgeschwindigkeiten kann der Fall eintreten, daß ein Teil der Laserstrahlung vor der Schmelzisothermen auf die Werkstückoberfläche auftrifft (siehe Kapitel 3.3). In diesem Fall kommt der Oberflächenrauhigkeit eine geringfügige Bedeutung zu.

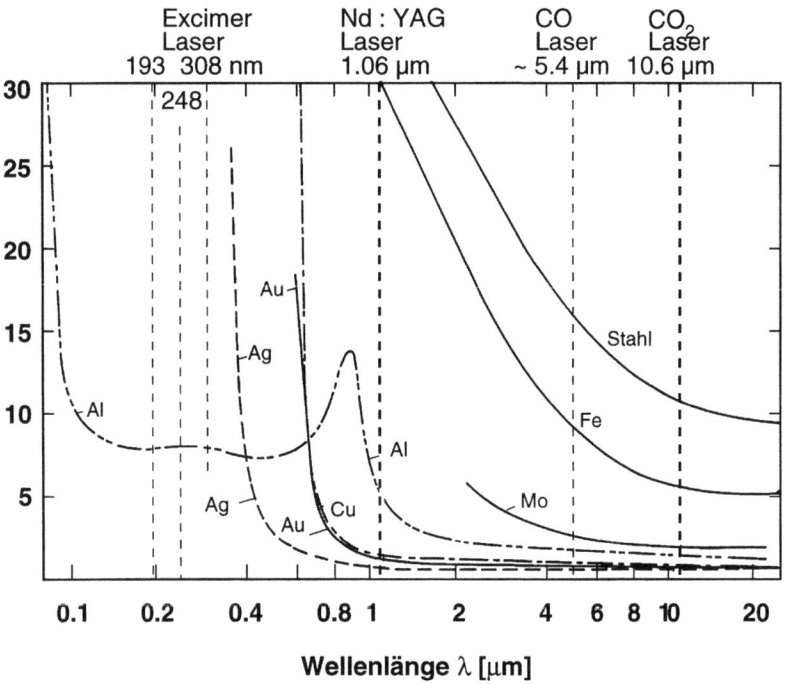

Abb. 3.1.1: Dargestellt ist der Absorptionsgrad einer Reihe von Metallen als Funktion der Wellenlänge der einfallenden Strahlung. Für das Schweißen mit Laserstrahlung werden z.Z. nur der CO_2-Laser $\lambda = 10.6$ µm und der Festkörperlaser Nd-YAG $\lambda = 1.06$ µm eingesetzt.

Strahlungsabsorption

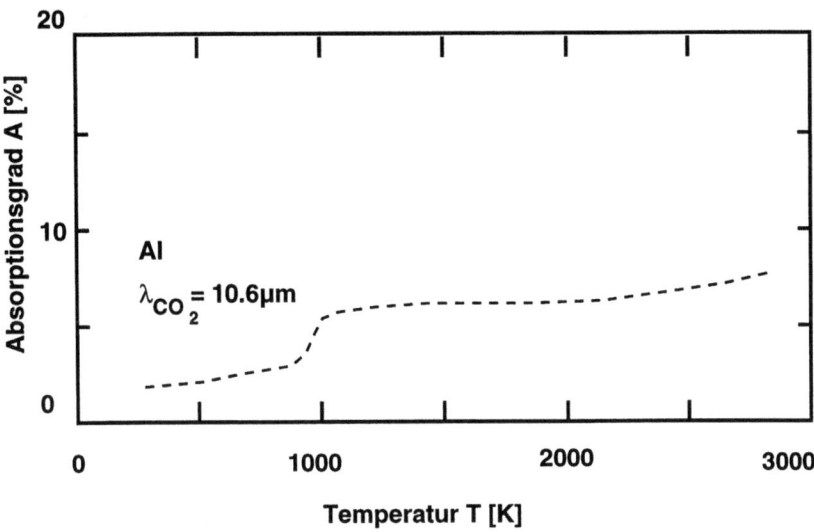

Abb. 3.1.2: Berechneter Absorptionsgrad von 10.6 µm Laserstrahlung an einer idealen Aluminiumfläche als Funktion der Temperatur. Am Schmelzpunkt ergibt sich im Gegensatz zu Stahl eine Abnahme der Reflexion /3.1.1/.

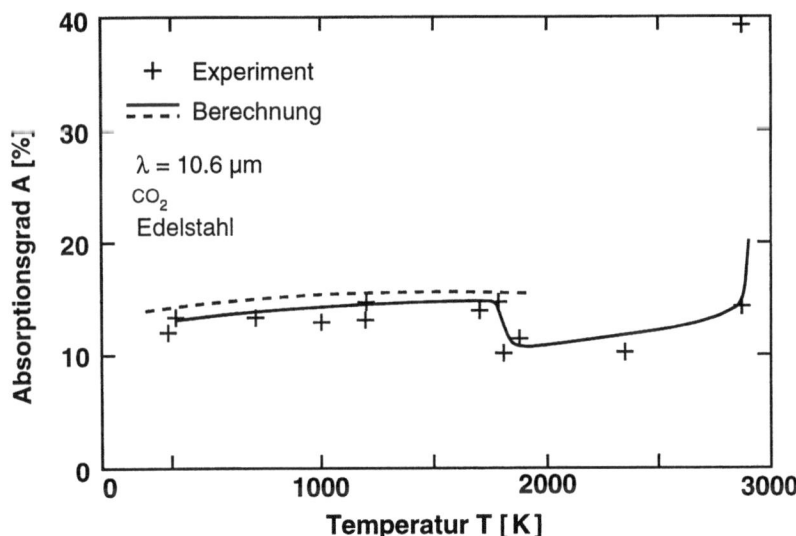

Abb. 3.1.3: Abhängigkeit des Absorptionsgrades eines hochlegierten Stahles als Funktion der Temperatur. Die ausgezogene Linie zeigt die nach Gleichung 3.1.5 berechnete Absorption. Die Messungen wurden im Vakuum durchgeführt um eine Verunreinigung der Oberfläche zu vermeiden /3.1.2/. Die strichpunktierte Linie ist eine Berechnung aufgrund der Strahlungsemission /3.1.1/.

Tab. 3.1.2 Abhängigkeit des Absorptionsgrades A von der mittleren arithmetischen Rauhigkeit R_a der Oberfläche bei Raumtemperatur nach Stern /3.1.3/.

technische Vorbehandlung der Oberfläche des Stahls 35NCD16	R_a [mm] mittlere arithmetische Rauhigkeit	A [%] Absorptionsgrad für unpolarisierte CO_2-Laserstrahlung
poliert	0,02	5,15 - 5,25
geschliffen	0,21	7,45 - 7,55
geschliffen	0,28	7,70 - 7,80
gefräst	0,87	5,95 - 6,05
gefräst	1,1	6,35 - 6,45
gefräst	2,05	8,10 - 8,25
gefräst	2,93	11,60 - 12,10
gefräst	3,35	12,55 - 12,65
gesandstrahlt	10,65	33,85 - 34,30

3.2 Winkel- und polarisationsabhängige Absorption

In der Startphase der Ausbildung des Tiefschweißeffekts kann der Absorptionsgrad der Strahlung, wie in Kapitel 3.1 erläutert, mit Hilfe des Fresnel-Formalismus beschrieben werden (siehe Gleichung 3.1.5 - 3.1.8). Nach Ausbildung einer Dampfkapillaren trifft die Laserstrahlung nicht mehr senkrecht auf den Festkörper auf sondern unter einem durch die Neigung der Kapillaren bestimmten Winkel. Der Einfallswinkel ist schematisch in Abbildung 3.2.1 dargestellt /3.2.1/3.2.2/3.1.1/.

Fällt die Laserstrahlung unter einem Winkel φ auf eine Metalloberfläche, so ist der Absorptionsgrad A abhängig von der Polarisationsrichtung der Laserstrahlung. Der Fresnel-Formalismus liefert den folgenden Zusammenhang /3.2.3/:

$$R_s = \frac{a^2 + b^2 - 2a \cdot \cos\varphi + \cos^2\varphi}{a^2 + b^2 + 2a \cdot \cos\varphi + \cos^2\varphi} \qquad (3.2.1)$$

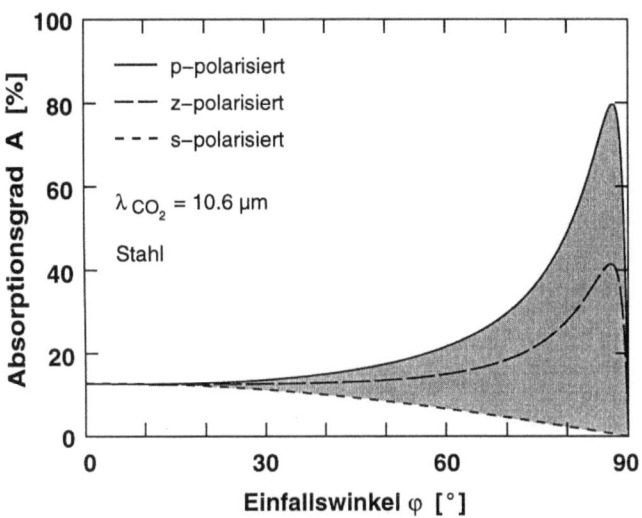

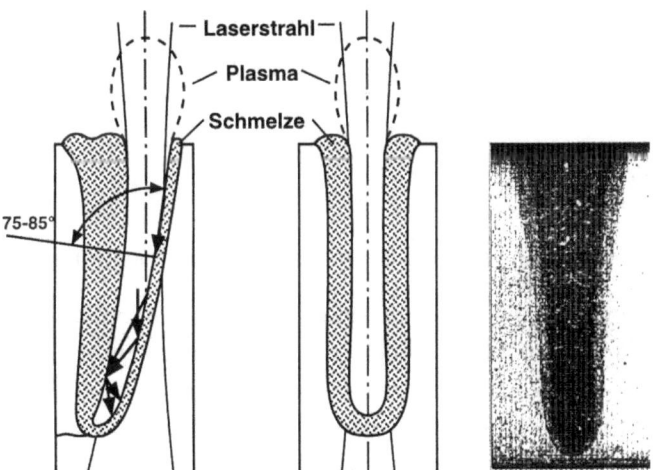

Abb.3.2.1: Berechneter Absorptionsgrad von CO_2-Laserstrahlung an Stahl als Funktion des Einfallswinkels für unterschiedliche Polarisationsrichtungen. Die schematische Darstellung der Dampfkapillaren zeigt, daß in der Kapillaren Einfallswinkel von 75°-85° auftreten können.

$$R_p = \frac{a^2 + b^2 - 2\left(a\left(n^2 - k_e^2\right) + 2bnk_e\right)\cos\varphi + \left(n^2 \, k_e^2\right)\cos^2\varphi}{a^2 + b^2 + 2\left(a\left(n^2 - k_e^2\right) + 2bnk_e\right)\cos\varphi + \left(n^2 + k_e^2\right)\cos^2\varphi} \quad (3.2.2)$$

$$A_s = 1 - R_s \quad (3.2.3)$$

$$A_p = 1 - R_p \quad (3.2.4)$$

R : Reflexionsgrad
Index : s für senkrecht polarisiert
p für parallel polarisiert

$$a^2 = \tfrac{1}{2}\left(\sqrt{\left(n^2 - k_e^2 - \sin^2\varphi\right)^2 + 4n^2 k_e^2} + n^2 - k_e^2 - \sin^2\varphi\right) \quad (3.2.5)$$

$$b^2 = \tfrac{1}{2}\left(\sqrt{\left(n^2 - k_e^2 - \sin^2\varphi\right)^2 + 4n^2 k_e^2} - \left(n^2 - k_e^2 - \sin^2\varphi\right)\right) \quad (3.2.6)$$

n, k_e sind der Berechnungs- und Absorptionsindex (bzw. Extinktionsindex). Sie berechnen sich nach Gleichung 3.1.7 bzw. 3.1.8. Für unpolarisiertes Licht ergibt sich der Absorptionsgrad zu:

$$A_L = \frac{A_s + A_p}{2} \quad (3.2.7)$$

In der Abbildung 3.2.1 sind die berechneten Absorptionswerte dargestellt.

Tritt an einem Bauteil nur eine Schweißrichtung auf, so kann zur besseren Energieeinkopplung mit p-polarisierter Strahlung geschweißt werden. Treten am Bauteil verschiedene Schweißrichtungen auf, so kann der unterschiedliche Absorptionsgrad in verschiedene Richtungen sich nachträglich auf die Qualität auswirken. In diesem Falle sollte ein "Phaseretarderspiegel" im Strahlengang verwendet werden. Die Eigenschaft eines solchen Spiegels ist

Winkel- und polarisationsabhängige Absorption

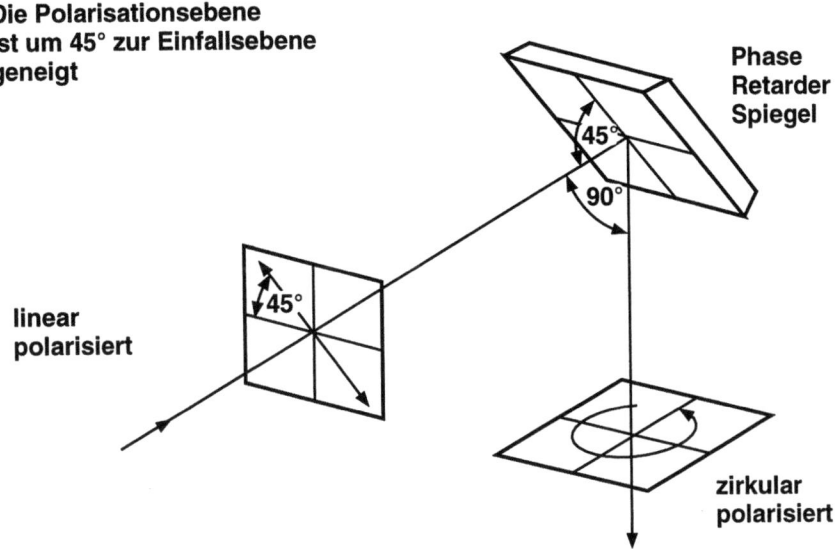

Abb 3.2.2: Durch die Reflexion an einen "Phaseretarderspiegel" kann ein linear polarisierter Strahl in einen zirkular polarisierten Strahl umgewandelt werden. Die Umlenkung muß in dem dargestellten Fall 90° in und die Polarisation 45° zur Einfallsebene betragen. Die Einfallsebene ist durch den einfallenden und reflektierten Strahl gegeben.

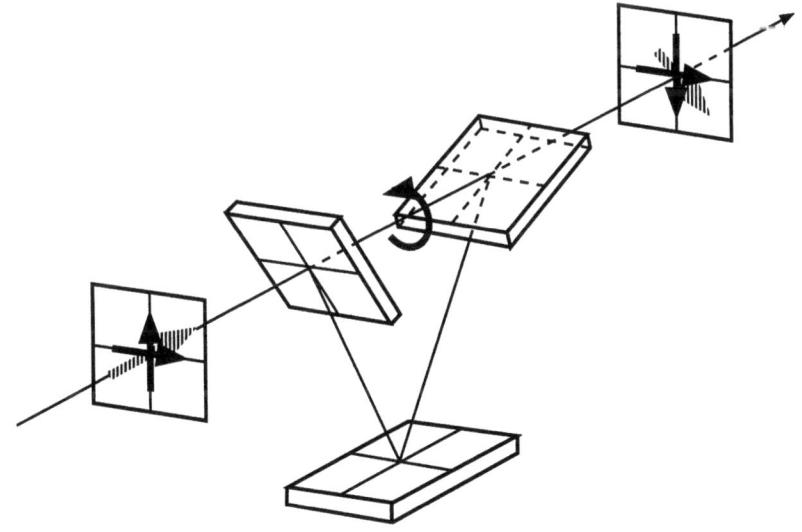

Abb. 3.2.3: Durch eine "Dreispiegelanordnung" kann die Polarisationsrichtung oder das Strahlprofil eines Laserstrahles gedreht werden.

in Abbildung 3.2.2 dargestellt. Durch Reflexion linear polarisierter Strahlung an einem solchen Spiegel wird zirkular polarisierte Laserstrahlung erzeugt. Dies bedeutet, daß alle Polarisationsrichtungen gleichmäßig vertreten sind und damit das Schweißergebnis unabhängig von der Schweißrichtung ist.

Durch eine "Dreispiegelanordnung" (Abbildung 3.2.3) kann die Polarisationsrichtung eines linear polarisierten Strahles beliebig gedreht werden. Eine Drehung der Spiegelanordnung um 45° bewirkt eine Drehung der Polarisationsrichtung oder des Strahlprofils um 90°.

3.3 Reflexion beim Tiefschweißen

Der Anteil der Laserstrahlung, welcher von der Werkstückoberfläche zurückreflektiert wird, ist auch beim Tiefschweißen ungleich Null. In Abbildung 3.3.1 ist die Ausbildung einer Dampfkapillare für unterschiedliche Schweißgeschwindigkeiten skizziert. Zu erkennen ist, daß ein Teil der einfallenden Laserstrahlung nicht in die Kapillare hinein sondern zurück reflektiert wird. Selbst wenn der Kapillardurchmesser dem Strahldurchmesser entspräche und die Kapillare eine zu vernachlässigende Krümmung am Rand aufwiese, würden entsprechend der Definition des Laserstrahldurchmessers ca. 14% zurück reflektiert.

Die Strahlungsleistung, welche benötigt wird um die Werkstückoberfläche zu erwärmen, zu schmelzen und auf Verdampfungstemperatur aufzuheizen, ist eine Funktion der Bearbeitungsgeschwindigkeit (siehe Anhang A.2 Wärmeleitung). Mit zunehmender Geschwindigkeit ist hierfür mehr Leistung erforderlich. Zu diesem Zweck muß ein Teil der Laserstrahlung zum Vorheizen verwendet werden. Dieser Strahlungsanteil unterliegt den in Kapitel 3.1 beschriebenen Reflexions- und Absorptionsbedingungen. Das bedeutet, daß ca. 80-90% reflektiert werden. In Abbildung 3.3.2 ist dargestellt, daß sich mit zunehmender Geschwindigkeit der Abstand zwischen Strahlachse und Kapillarfront verändern. Die integrale von der Werkstückoberfläche reflektierte Laserleistung ist von Funk /3.0.1/3.0.2/ als Funktion der Geschwindigkeit für unterschiedliche Intensitäten, Polarisationsrichtungen und Laserstrahlleistungen gemessen worden. Abbildung 3.3.3 zeigt schematisch den Meßaufbau.

Für die Oberflächentemperatur T_v einer bestrahlten Oberfläche folgt aus der Wärmeleitung (siehe Anhang A2): T_v wächst mit den Größen $\frac{A P_L}{r_F}$, $\frac{1}{K}$ und $e^{-\frac{r_F v_s}{x}}$. Daraus kann bei gegebenen Verfahrensparametern Laserleistung P_L, Strahlradius r_F und Vorschubgeschwindigkeit v_s der notwendige Absorptionsgrad A zum Erreichen der Verdampfungstemperatur bestimmt werden. Es ergibt sich, daß die reflektierte Leistung mit P_L/r_F und v_s ansteigen sollte. In Abbildung 3.3.4 und 3.3.5 ist zu ersehen, daß dieses Verhalten experimentell bestätigt ist.

Die Abbildungen 3.3.4 und 3.3.5 geben diesen Zusammenhang wieder. P_{refl} steigt als Funktion von P_L / r_F und v_s an. Aluminium kann mit den in Abbildung 3.3.4 angegebenen Parametern nicht geschweißt werden. Schweißungen mit vergleichbarem P_L / r_F und v_s zeigen jedoch einen um den Faktor 4 höheren reflektierten Strahlungsanteil /3.3.1/.

Tab. 3.3.1   reflektierte Strahlungsleistung

	Geschwindigkeit v_s [m/min]	reflektierte Leistung P_{ref} [W]	reflektierte Leistung P_{ref} [%]
Werkstoff: AlMgSi1 Leistung: P_L = 4kW Fokusradius: r_F = 135µm Fokussierzahl: F - 5	4	1020	25
	6	1080	27
Werkstoff: St 52-3 Leistung: P_L = 10kW Fokusradius: r_F = 300µm Fokussierzahl: F = 10	4	600	6
	6	750	7,5

Dieses Verhalten ist auf die größere Wärmeleitfähigkeit K und den geringen Absorptionsgrad A_L bei Aluminium zurückzuführen.

Die Polarisationsrichtung der Laserstrahlung hat nur einen geringen Einfluß auf den reflektierten Strahlungsanteil /3.0.1/3.0.2/. Der reflektierte Anteil kommt hauptsächlich aus den oberen Randbereichen der Kapillare. Dort trifft die Strahlung fast senkrecht auf das Werkstück, so daß zwischen p- und s-Polarisation kein Unterschied besteht (s. Abb. 3.3.1)

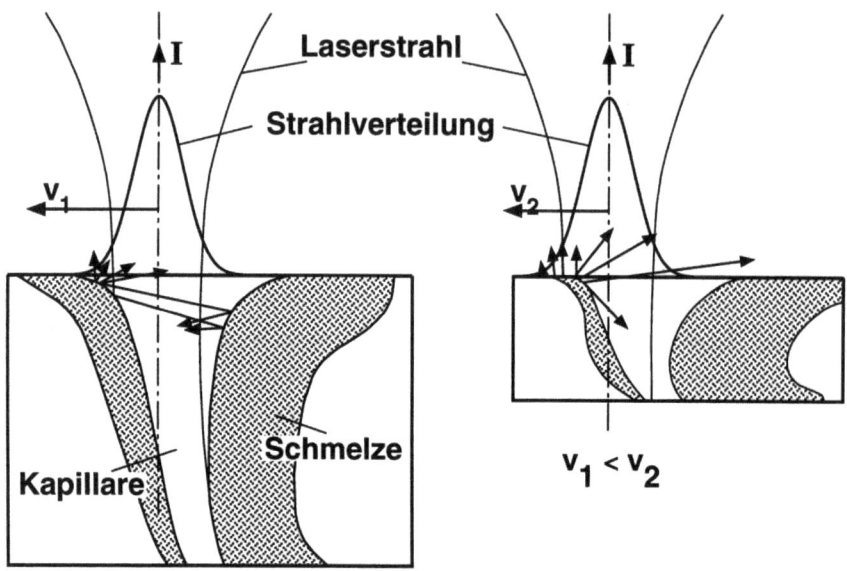

Abb.3.3.1 Charakteristische Ausbildung der Dampfkapillaren für unterschiedliche Schweißgeschwindigkeiten. Mit zunehmender Geschwindigkeit wird ein größerer Anteil der Laserstrahlung zurück reflektiert.

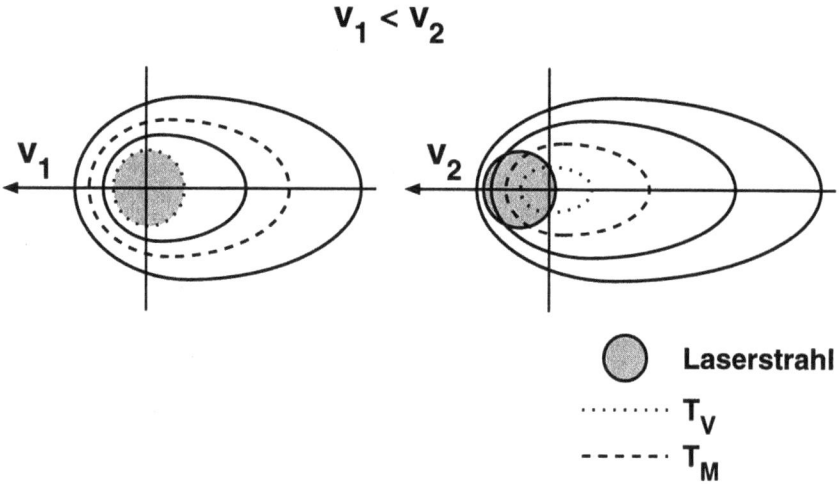

Abb.3.3.2 Charakteristische Isothermenverteilung auf der Werkstückoberfläche bei zwei Schweißgeschwindigkeiten. Mit zunehmender Geschwindigkeit verschiebt sich die Laserstrahlachse bezogen auf die Kapillarfront. Dies hat zur Folge, daß der von der Werkstückoberfläche zurück reflektierte Strahlungsanteil steigt /3.0.1/.

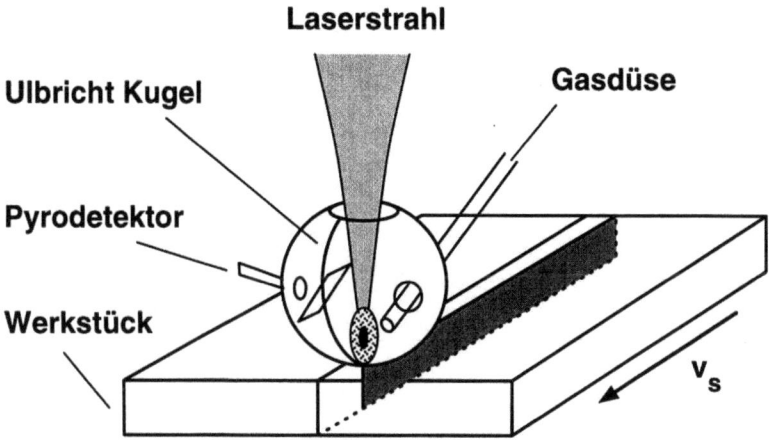

Abb..3.3.3 Dargestellt ist ein Meßaufbau zur integralen Ermittlung der reflektierten Laserstrahlung. Das Werkstück muß dabei leicht geneigt angeordnet werden, damit der senkrecht (direkt) reflektierte Anteil mit der Ulbricht Kugel erfaßt werden kann /3.0.1/3.0.2/.

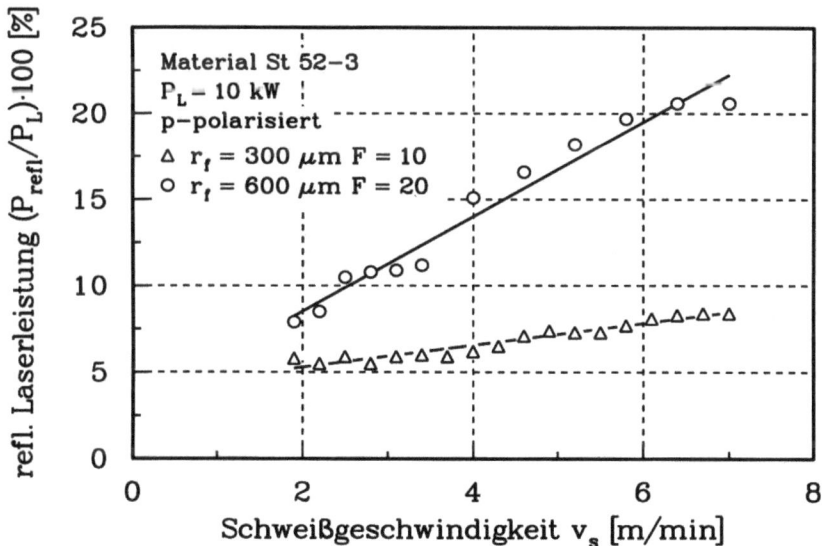

Abb.3.3.4 Reflektierte Laserstrahlleistung als Funktion der Schweißgeschwindigkeit für zwei unterschiedliche P_L / r_F-Werte durch Variation von r_F /3.0.1/3.0.2/.

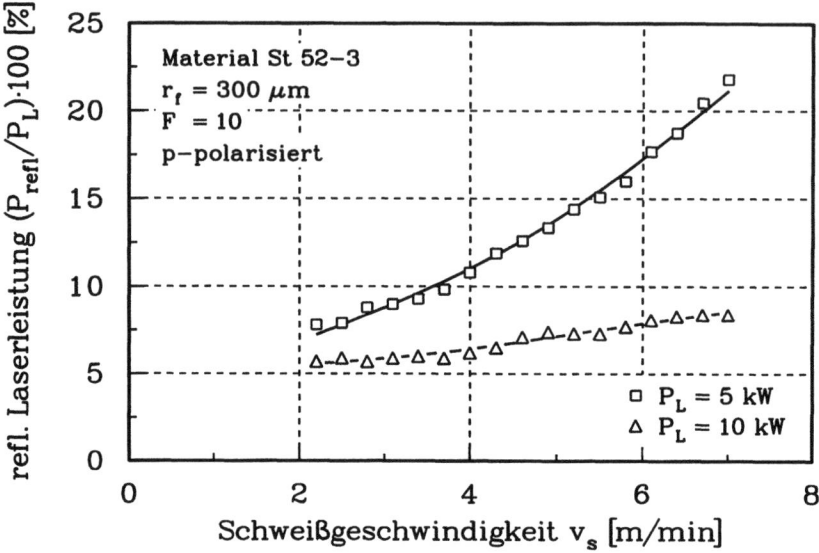

Abb.3.3.5. Reflektierte Laserstrahlleistung als Funktion der Schweißgeschwindigkeit für zwei unterschiedliche P_L / r_F-Werte /3.0.1/3.0.2/.

3.4 Transmission beim Tiefschweißen

Mit zunehmendem Verhältnis von Schweißnahttiefe zur Breite wird die Möglichkeit des Entweichens von Gasen durch die Kapillare erschwert. Dies kann zu einer erhöhten Porenbildung besonders im Nahtwurzelbereich führen /1.1/. Aus diesem Grund sollte mit einem Leistungsüberschuß geschweißt werden, damit die Kapillare an der Unterseite möglichst weit geöffnet ist. Hierdurch kann eine Porenbildung weitgehend vermieden werden. Die durch die Öffnung der Kapillaren an der Unterseite hindurch tretende Laserstrahlung stellt für den Schweißprozeß einen Verlustterm dar. Aus der Literatur sind umfangreiche Untersuchungen bekannt Miyamoto /3.3.2/, Gatzweiler /3.3.3/, Dabezies /3.3.4/, Schmidt /3.3.4/ und Funk /3.0.1/3.0.2/. Ähnlich der in Abbildung 3.3.3. dargestellten Meßmethode kann die transmittierte Laserstrahlung ermittelt werden. Hierbei wird die Strahlung mittels eines Umlenkspiegels in eine Ulbrichtkugel fokussiert. Dies ist möglich, da trotz der Neigung und Krümmung der Kapillaren der überwiegende Anteil der Laserstrahlung gerichtet austritt und mit dem Umlenkspiegel erfaßt werden kann. Abbildung 3.4.1 zeigt eine Anordnung zur Ermittlung des Winkels der transmittierten Strahlung. Die Meßwerte zeigen, daß starke Schwankungen im Signalverlauf auftreten und die Kapillare für kurze Zeiten an der Unterseite geschlossen ist. Bei Überschußleistungen (transmittierter Leistungen) von mehreren kW treten bei Stahl nur noch geringe Fluktuationen auf, während sich beim Schweißen von Aluminium die Kapillare auch dann noch häufiger schließt. Dies ist in Abbildung 3.4.2 für Schweißungen mit 5 kW Strahlleistung dargestellt. Auf die Fluktuationen wird in Kapitel 7 über "Kapillarschwingungen" näher eingegangen. Messungen der mittleren transmittierten Strahlleistungen als Funktion der Schweißgeschwindigkeit, Blechdicke und Laserleistung sind von Funk /3.0.2/ durchgeführt worden (siehe Abb. 3.4.3 und 3.4.4).

Abbildung 3.4.3 ist zu entnehmen, daß bei an der Unterseite geöffneter Dampfkapillare nur ca. 50% der durch eine Leistungserhöhung mehr angebotenen Leistung transmittiert wird. Die restlichen 50% werden in der Kapillaren (z.B. im Plasma) zusätzlich absorbiert. Abbildung 3.4.4 zeigt, daß durch Vergrößerung der Blechdicke mit der zuvor transmittierten Leistung beträchtliche Schweißtiefen erreicht werden können. Beispielsweise werden bei 10 mm Blechdicke, einer Geschwindigkeit von 2 m/min und einer Laserleistung von 15 kW 3 kW transmittiert. Bei 15 mm Blechdicke werden immer noch 0,5 kW transmittiert. Das bedeutet, daß für die ersten 10 mm ca. 12 kW und für die letzten 5 mm offensichtlich nur noch 2,5 kW Laserleistung zum Schweißen benötigt werden. In den Kapiteln 8 (Kapillarabsorption) und 9 (Näherungsmodelle) wird auf dieses Phänomen unter Berücksichtigung der Erläuterungen in Kapitel 4 (Plasmaabsorption) näher eingegangen.

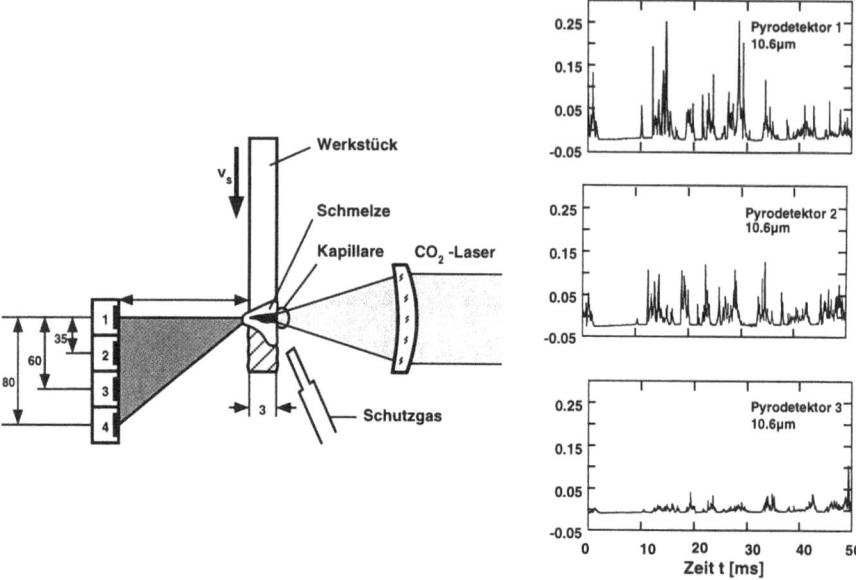

Abb. 3.4.1   Meßaufbau zur Ermittlung der Winkelabhängigkeit der transmittierten Laserleistung, welche durch die Neigung der Kapillaren sowie durch Mehrfachreflexion hervorgerufen werden kann /3.3.3/.

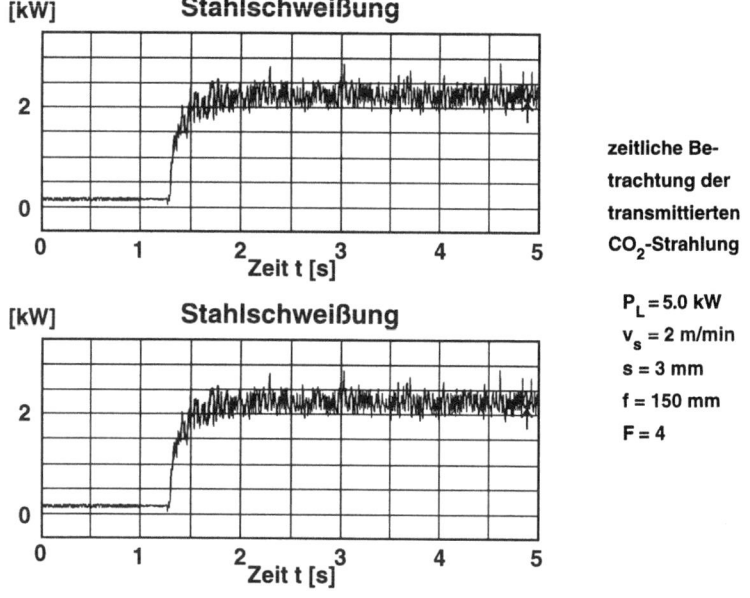

zeitliche Betrachtung der transmittierten CO_2-Strahlung

P_L = 5.0 kW
v_s = 2 m/min
s = 3 mm
f = 150 mm
F = 4

Abb. 3.4.2   Vergleich der transmittierten Laserstrahlleistung bei einer Schweißung von Baustahl St 52-3 und Aluminium /3.3.1/.

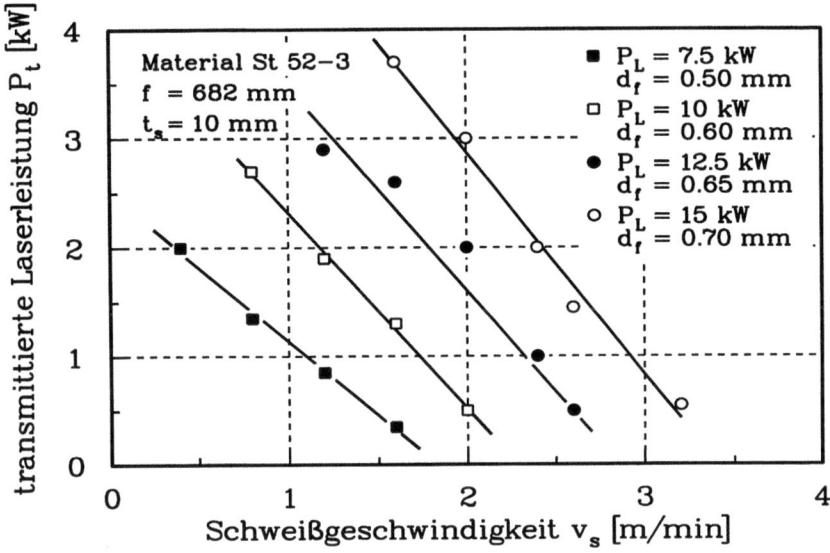

Abb. 3.4.3. Dargestellt ist, daß die transmittierte Strahlleistung mit der Schweißgeschwindigkeit ab- und mit der eingestrahlten Leistung zunimmt. Zu erkennen ist, daß nur etwa 50% der zusätzlich eingestrahlten Leistung transmittiert wird /3.0.1/.

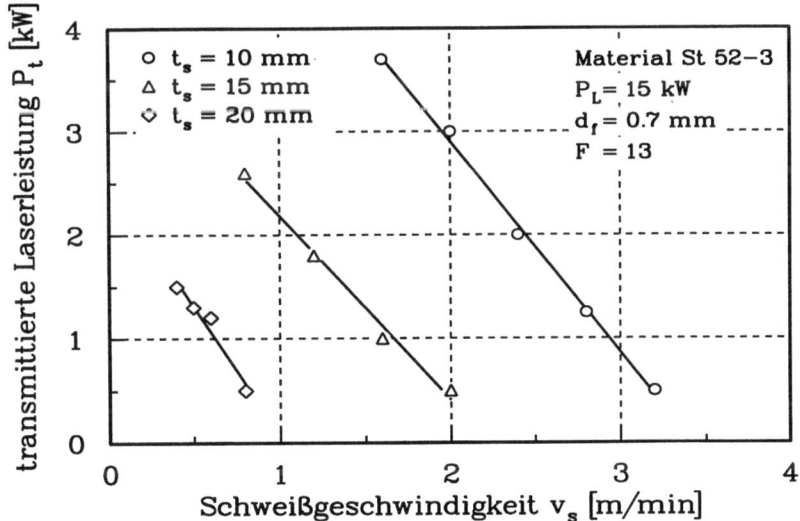

Abb. 3.4.4 Dargestellt ist, wie die transmittierte Laserleistung mit der Schweißgeschwindigkeit als Funktion der Blechdicke abnimmt. Offensichtlich beträgt der Leistungsbedarf im unteren Kapillarbereich nur ca. 40% des Leistungsbedarfes im oberen Bereich. Bei einer Geschwindigkeit von 2 m/min sind beispielsweise zum Schweißen von 10 mm Blechdicke 12 kW erforderlich. Zum Schweißen von 15 mm Blechdicke nur 14,5 kW /3.0.1/3.0.2/.

4. Plasmaabsorption

Beim Laserstrahlschweißen wird experimentell ein ausgeprägtes Schwellverhalten für den Einsatz des Tiefschweißeffektes beobachtet. Abbildung 4.0.1 zeigt die sprunghafte Zunahme der Einschweißtiefe bei einer kritischen Strahlungsintensität auf der Werkstückoberfläche /3.1.1/4.0.1/. Während der Tiefschweißprozeß auch im Vakuum ohne nennenswerte Plasmabildung auftreten kann, ist unter Atmosphärendruck das beschriebene Schwellverhalten beim Schweißen mit CO_2-Laserstrahlung (λ = 10,6 µm, ω_L =1.78 10^{-14} s^{-1}) immer mit der Ausbildung eines laserinduzierten Plasmas verbunden. Dieses Plasma kann einen beträchtlichen Teil der Laserstrahlung absorbieren. Beim Einsatz eines Nd-YAG-Lasers ist aufgrund der kürzeren Wellenlänge (λ = 1,06 µm, ω_L=1.7 10^{-15} s^{-1}) die Plasmaabsorption beim Schweißen von untergeordneter Bedeutung (siehe Gleichung 3.1.9).

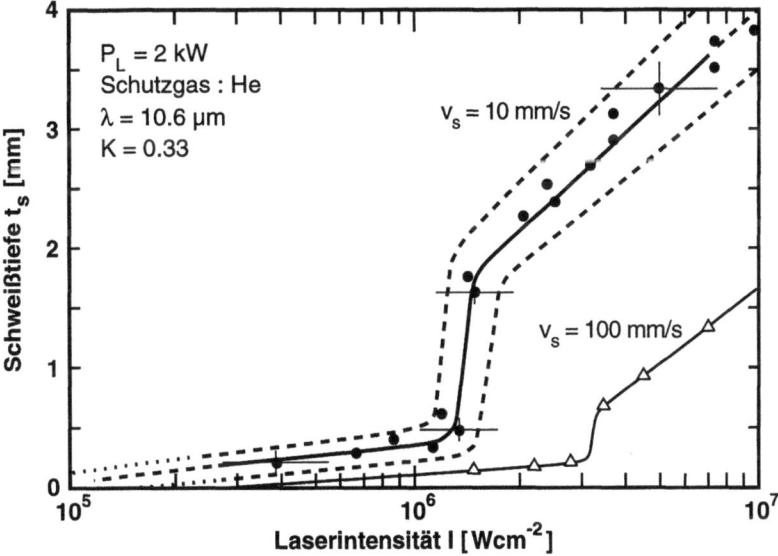

Abb. 4.0.1 Dargestellt ist die Einschweißtiefe bei konstanter Laserstrahlleistung als Funktion der Laserstrahlintensität. Ab ca. 10^6 W/cm^2 ist ein charakteristisches Schwellverhalten zu erkennen. Dieses korreliert mit dem Auftreten eines Tiefschweißeffektes. Das Schwellverhalten wird geringer mit zunehmender Geschwindigkeit und verschiebt sich hin zu höheren Laserintensitäten /3.1.1/4.0.1/.

4.1 Diagnostik der Plasmabildung

Die zeitaufgelöste Entwicklung des Plasmas ist in Abbildung 4.1.1 dargestellt /4.1.1/. Verglichen sind die eingestrahlte und die reflektierte Laserstrahlung sowie die Leuchterscheinung des Metalldampfes bzw. des Plasmas im roten und im blauen Spektralbereich. Zu erkennen ist, daß sich zunächst ein Metalldampf bildet. Verbunden hiermit ist eine Verringerung der reflektierten Laserstrahlung. In dem abströmenden Dampf bilden sich einige 100 µs später ein laserinduziertes Plasma aus, welches an seiner blauen Leuchterscheinung zu erkennen ist. Mit der Plasmabildung verringert sich der reflektierten Strahlungsanteil. Nach einer Zeit von ca. 0.1 ms sind Plasmafluktuationen sichtbar, welche eine Gegenphasigkeit zur reflektierten Strahlungsleistung erkennen lassen. Schliffbilder zeigen, daß sich zu diesem Zeitpunkt bereits ein Tiefschweißeffekt und damit auch eine Dampfkapillare ausgebildet haben. Dennoch tritt eine starke Reflexion der Laserstrahlung während der Zeiten auf, in denen kein laserinduziertes Plasma ausgebildet ist. In der Bildserie in Abbildung 4.1.2 ist zu erkennen, wie sich mit der Plasmabildung die Schmelzgeometrie und damit die Energieeinkopplung erhöht. Dargestellt ist die Entwicklung des Tiefschweißeffektes. Mit dem Erreichen von Verdampfungstemperatur an der Werkstückoberfläche bildet sich eine Dampfkapillare, welche an dem gerichtet ausströmenden Metalldampf zu erkennen ist. Eine deutliche Zunahme der Schmelzgeometrie und damit der Energieeinkopplung erfolgt jedoch erst mit der Ausbildung eines laserinduzierten Plasmas.

Die Bildserie in Abbildung 4.1.3 zeigt die Bedeutung des Plasmas für eine Tiefschweißung. Geschweißt wird mit einem CO_2-Laserstrahl einer konstanten mittleren Leistung von P_L = 2 kW (cw-Betrieb) und einer Strahlungsintensität nahe der Plasmaschwelle ($I \approx 10^6$ W/cm^2). In Bild 1 ist die Schmelzgeometrie ohne Plasmaausbildung zu erkennen. Im Bild 2 hat sich ein Plasma gebildet. In Bild 3 ist das Plasma erloschen. Die Öffnung der Kapillaren ist noch deutlich zu erkennen. Da die Strahlungsabsorption in der Dampfkapillare z. B. durch Mehrfachreflexion ohne Plasmaunterstützung nicht ausreicht, den Schweißprozeß aufrecht zu erhalten, brechen die Kapillare und der Tiefschweißeffekt langsam zusammen (Bild 3 und 4). Die Ursache für den instabilen Schweißprozeß ist in einer Änderung der Metalldampfdichte zu suchen, welche aus der Schmelzdynamik resultiert und einen direkten Einfluß auf die Plasmabildung und Absorption hat.

Die dargelegten Beispiele unterstreichen qualitativ die Bedeutung des laserinduzierten Plasmas für das Schweißen mit CO_2-Laserstrahlung.

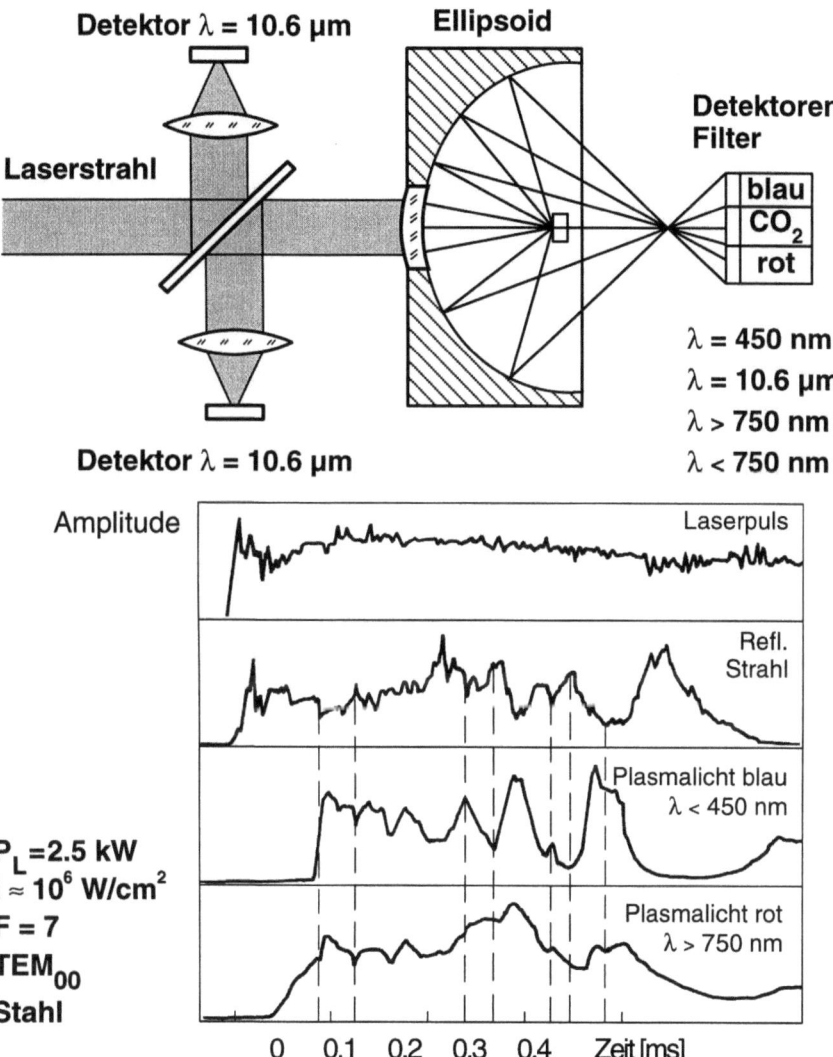

Abb. 4.1.1: a) Anordnung zur Messung der reflektierten Laserstrahlung und der Plasmabildung
  b) gemessene Signale nach /4.1.1/:
  1. Laserpuls
  2. reflektierte CO_2-Strahlung
  3. Plasmaleuchten im roten Strahlungsbereich
  4. Plasmaleuchten im blauen Strahlungsbereich (Metalldampf)

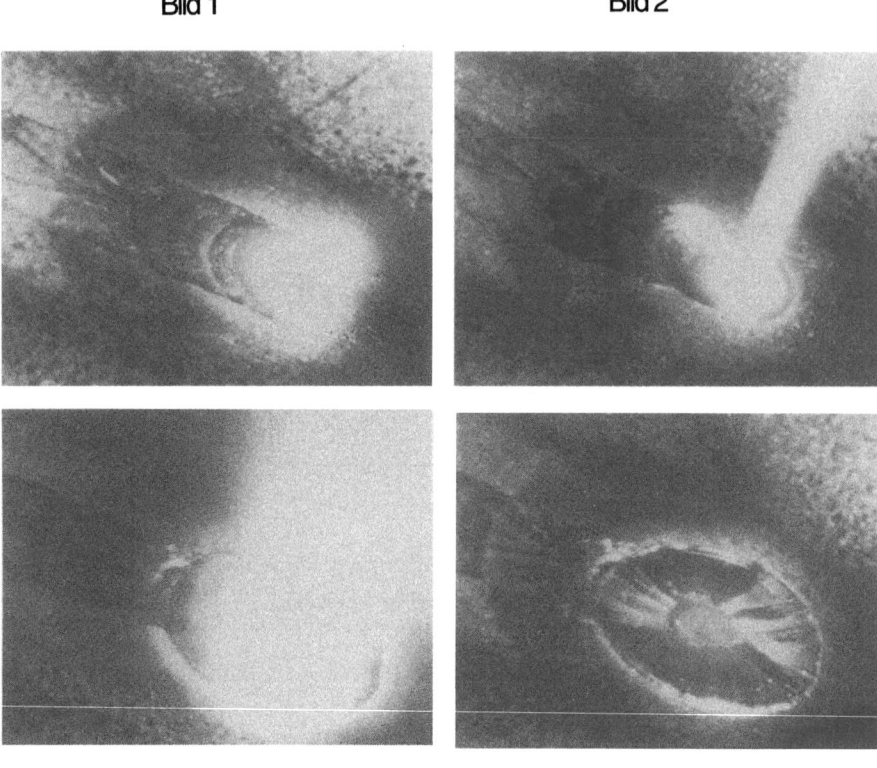

Abb. 4.1.2: Die Bildfolge zeigt einen Laserstrahl- Schmelzschweißprozeß mit der Ausbildung eines Plasmas
Parameter: P_L = 2kW, $I \approx 10^6$ Wcm^{-2}, v_s = 8 mms^{-1}
Die Breite der Schmelzspur bertägt etwa 2,5 mm. Die Bilder haben einen zeitlichen Abstand von ca. 0,5 s.

Bild 1: Zu erkennen ist eine Schmelzspur. Der Schweißprozeß verläuft von links nach rechts.

Bild 2: Im Auftreffpunkt des Lasers wird Verdampfungstemperatur überschritten. Zu sehen ist ein gerichteter Dampfstrahl, der aus der sich bildenden Dampfkapillare herausströmt. Die Aufnahme zeigt weiterhin, daß die Schmelzzonenbreite nicht zu - sondern abnimmt.

Bild 3: Im Dampfstrahl bildet sich ein laserinduzierte Plasma aus, welches durch eine kräftige blau-weiße Leuchterscheinung gekennzeichnet ist. Andeutungsweise ist eine Zunahme der Schmelzbadbreite zu sehen.

Bild 4: Mit Ausbildung des laserinduzierten Plasmas wurde der Laserstrahl abgeschaltet. Zu erkennen ist eine durch das Plasma entstandene deutlich vergrößerte Schmelzbadbreite.

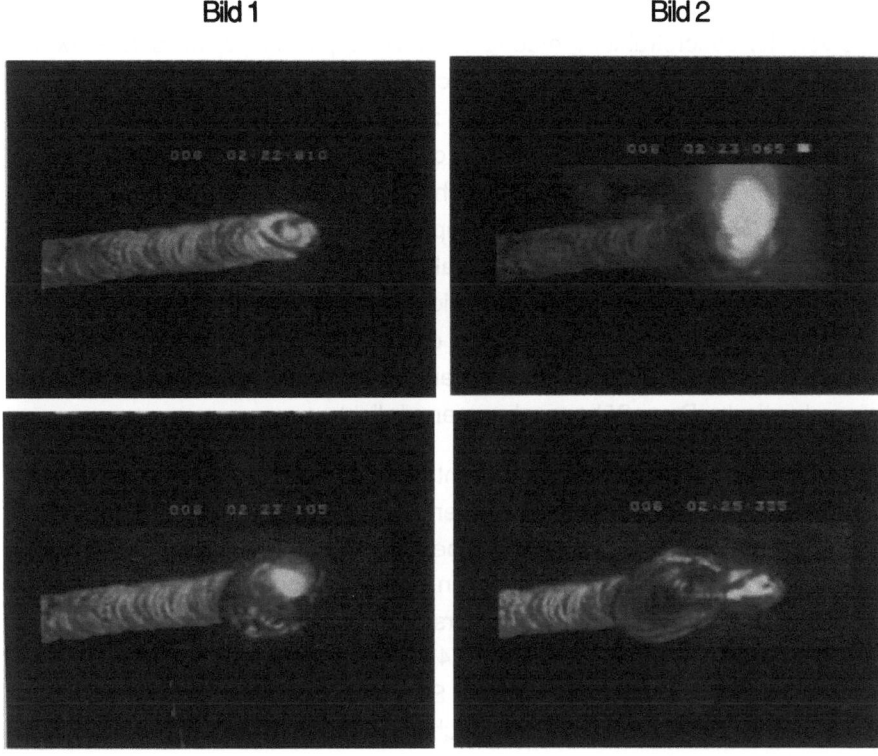

Abb. 4.1.3: Die Bildfolge zeigt einen Laserstrahlschweißprozeß mit dem Zünden und Erlöschen eines laserinduzierten Plasmas. Parameter siehe Abb. 4.1.3, Prozeßgas : Helium
Die Laserstrahlleistung und Intensität sind während des dargestellten Prozesses konstant.

Bild 1: Zu erkennen ist eine Schmelzspur. Der Schweißprozeß verläuft von links nach rechts.

Bild 2: Mit der Ausbildung eines laserinduzierten Plasmas, welches durch eine blau-weiße Leuchterscheinung gekennzeichnet ist, erhöht sich die Energieeinkopplung und das aufgeschmolzene Volumen nimmt zu. Die Einschweißtiefe wächst gleichzeitig um den Faktor 2-3. Die Schweißung ist deutlich tiefer als breit.

Bild 3: Da die Laserintensität nahe der Schwellintensität zur Ausbildung eines Plasmas und des Tiefschweißprozesses liegt, ist der Prozess nicht stabil. Geringe Änderungen in der Verdampfungsrate, die durch die turbulente Schmelzbewegung hervorgerufen werden, können zum Erlöschen des Plasmas führen. Die Energieeinkopplung in der Kapillaren reicht nicht aus, diese aufrecht zu erhalten.

Bild 4: Nach Erlöschen des Plasmas und Rückbildung der Kapillaren wird der in Bild 1 beschriebene Schmelzschweißvorgang fortgesetzt.

4.2 Verdampfung und Metalldampfdichte

Die von der Laserstrahlung erzeugte Metalldampfdichte ist für den Schweißprozeß in mehrerer Hinsicht von entscheidender Bedeutung. Zum einen ist, um ein Schließen der Dampfkapillaren zu verhindern, ein Mindestdampfdruck erforderlich. Dieser ergibt sich aus der Dichte und der Temperatur des Metalldampfes. Zum anderen kann sich aufgrund der geringen Ionisierungsenergie der Metallatome im Metalldampf ein laserinduziertes Plasma ausbilden, welches die einfallende Laserstrahlung mehr oder weniger stark absorbiert. Entscheidend hierfür ist u.a. die Metalldampfdichte. Darüber hinaus wird die umgebende Atmosphäre von dem abströmenden Metalldampf komprimiert, wodurch sich eine Schall- oder Schockwelle ausbilden kann, welche eine akustische Prozeßüberwachung ermöglicht.

Aus der Literatur sind Modelle bekannt, welche eine Berechnung der gasdynamischen Parameter des abströmenden Metalldampfes unter gewissen Vereinfachungen als Funktion der spezifischen Stoff- und Laserstrahlparameter ermöglichen. Die Modelle gehen von einem quasistationären Verdampfungsprozeß aus, bei dem die Laserstrahlung an der Werkstückoberfläche absorbiert wird. Während Afanas'ev /4.2.1/ und Krokhin /4.2.2/ als Randbedingungen das Abströmen mit lokaler Schallgeschwindigkeit ins Vakuum ansetzen, wird bei Aden /4.2.3/ und Knight /4.2.4/ der Einfluß der umgebenden Atmosphäre berücksichtigt. Dies ermöglicht die Berechnung von Schockfronten und die Berücksichtigung des Einflusses von Schutzgasen.

In diesen Modellen wird zunächst der energetische Zustand des Werkstückes berechnet, der sich auf Grund der Umwandlung der absorbierten Laserstrahlung in Wärmeenergie einstellt. Dazu wird von der eindimensionalen stationären Wärmeleitungsgleichung ausgegangen. Im mitbewegten System der Verdampfungsfront lautet sie

$$\rho_0 \, c_p \, v_A \frac{dT}{dx} + K \frac{d^2 T}{dx^2} = 0 \qquad (4.2.1)$$

Die Randbedingungen sind durch den Energiefluß der absorbierten Laserstrahlung und einem mit der Verdampfungsenthalpie der Atome verknüpften Massenstrom gegeben zu

$$- K \frac{dT}{dx} \bigg/_{x=0} = AI - \rho_0 v_A \epsilon_v \qquad (4.2.2)$$

Verdampfung und Metalldampfdichte

T = Temperatur
x = Ort im Werkstück
K = Wärmeleitfähigkeit
ρ_0 = Massendichte des Werkstoffes
c_p = Wärmekapazität
A = Absorptionsgrad
I = Laserstrahlintensität
ϵ_v = Verdampfungsenthalpie
v_A = Abtragsgeschwindigkeit
v_m = Abströmgeschwindigkeit des Metalldampfes
mit $\rho_0 v_A = \rho_m v_m$ am Ort x= 0

Aus Gleichung 4.2.2 folgt für die Temperatur T_{ph} an der Phasenfront

$$T_{Ph} - T_0 = \left[A_L \cdot I - \rho_m v_m \epsilon_v\right] / \left(\rho_m v_m c_p\right) \tag{4.2.3}$$

T_0 : Umgebungstemperatur

Die Temperatur ist somit abhängig vom gasdynamischen Zustand direkt an der Verdampfungsfront. Andererseits sind diese Größen wiederum von der Oberflächentemperatur abhängig, da es sich hier um einen Phasenübergang zwischen dem Werkstoff und dem Metalldampf handelt. In Anlehnung an Ytrehus /4.2.5/ wird bei Knight /4.2.4/ und Aden /4.2.3/ diese Abhängigkeit berechnet. Die Ergebnisse wie Metalldampfdichte ρ_m und Abströmgeschwindigkeit v_m können als Funktion des Drucks im Gas direkt über der Oberfläche p_m und der Oberflächentemperatur T_{ph} angegeben werden. Zur bequemeren Darstellung werden ρ_m und v_m als normierte Größen x und s bestimmt:

$$\rho_m = \rho_s \, x \tag{4.2.4}$$

$$v_m = (2kT_{Ph}/m)^{½} \, s \tag{4.2.5}$$

mit dem Sättigungsdampfdruck

$$p_s = p_o \exp - (m\, \varepsilon_v / k\, T_{Ph})$$

und $\quad p_o = 10^5 \exp(m\, \varepsilon_v / k\, T_v)$ im SI-Einheiten

sowie der Sättigungsdampfdichte

$$\rho_s = \frac{m P_s}{k T_{Ph}}$$

k = Boltzmannkonstante
m = Masse eines Metallatoms
T_v = Verdampfungstemperatur eines Werkstoffes
Funktionen x und s sind im Anhang angeführt

In Abbildung 4.2.2 sind x und s als Funktion des Verhältnisses des Druckes p_m und des Sättigungsdampfdruckes p_s angegeben ($z = p_m/p_s$). Der Anfangswert des Verhältnisses der beiden Drücke ($z = z_{min}$) ist dadurch bestimmt, daß die Abströmgeschwindigkeit die lokale Schallgeschwindigkeit erreicht und durch diese beschränkt wird. Strebt das Druckverhältnis gegen den Wert eins, so kommt der Ablationsprozeß zum Erliegen.

Der Druck p_m ist mit dem Außengas über die strömungsmechanischen Gleichungen gekoppelt. In der differentiellen Form lauten diese Courant/4.2.6/:

$$\frac{\partial \rho}{\partial t} + \vec{\nabla} \cdot (\rho \vec{v}) = 0 \qquad (4.2.6)$$

$$\frac{\partial (\rho \vec{v})}{\partial t} + \vec{\nabla} \cdot (\rho \vec{v}\, \vec{v}) + \vec{\nabla} p = 0 \qquad (4.2.7)$$

$$\frac{\partial}{\partial t}\left(\frac{p}{\gamma - 1} + \frac{\rho v^2}{2}\right) + \vec{\nabla} \cdot \left[\rho \vec{v}\left(\frac{p}{\rho(\gamma - 1)} + \frac{v^2}{2}\right)\right] + Q_w = 0 \qquad (4.2.8)$$

Dabei ist Q_w die im Gas absorbierte Leistungsdichte des Laserstrahls. Da im Fall einer konstanten Laserintensität die Randbedingungen, also ρ_m, v_m, p_m, ρ_a, v_a und p_a zeitunabhängig sind, ergibt sich für $Q_w = 0$ eine Gleichung für den Druck als Funktion der gasdynamischen Größen des Außengases Courant/4.2.6/, Knight/4.2.4/, Aden/4.2.7/

$$p_m = p_a + v_m M_a(p_m, p_a, \rho_a) \qquad (4.2.9)$$

$$M_a = \sqrt{\rho_a p_a} \cdot \sqrt{\frac{\gamma+1}{2}\left[\frac{\gamma-1}{\gamma+1} + \frac{p_m}{p_a}\right]} \qquad (4.2.10)$$

γ : Adiabaten Koeffizient des Außengases.

Die Gleichungen 4.2.3, 4.2.4, 4.2.5 und 4.2.9 bilden ein nicht-lineares Gleichungssystem, dessen Lösung den gasdynamischen Zustand an der Verdampfungsfront als Funktion der Stoff- und Laserstrahlparameter sowie dem Zustand des Außengases angibt. Erreicht die Abströmgeschwindigkeit u_m die lokale Schallgeschwindigkeit, so sind die gasdynamischen Größen des Metalldampfes an der Phasenfront lediglich eine Funktion der Temperatur T_{Ph} und können mit den Gleichung 4.2.3 bis 4.2.5 angegeben werden. der sich einstellende Druck wird dann durch den Ausdruck $P_m = z_{min} P_s$ gegeben.

Für den Fall des Tiefschweißens ist der Ansatz eindimensionaler Wärmeleitung nur eingeschränkt zulässig. Aufgrund der relativ parallelen schlanken Schweißnähte ist ein zweidimensionaler Ansatz geeignet (siehe auch Kapitel 9). Betrachtet wird hierbei nur die Strahlung, welche an der Kapillarfront absorbiert wird. Diese Front bewegt sich mit der Schweißgeschwindigkeit v_s durch das Werkstück. Die Richtung der Abtragsgeschwindigkeit v_A ist parallel zur Schweißgeschwindigkeit. Zur Beschreibung der Wärmeleitung reicht es aus, den Wärmeanteil zu betrachten, der in das Material strömt, welches vor der Kapillaren liegt (halbunendlicher Körper). Aufgrund der parallelen Schweißnahtgeometrie kann von der Annahme ausgegangen werden, daß die Strahlung relativ gleichförmig über die Tiefe absorbiert wird. Als Energiequelle ist damit ein Rechteckgauß geeignet.

Es wird angenommen, daß sämtliches vom Laser direkt bestrahlte Material verdampft wird. Es gilt also:

$$\rho_0 v_A = \rho_m v_m \qquad \text{bei } x = 0 \qquad (4.2.11)$$

In Abbildung 4.2.3 ist eine zylinderförmige Kapillare und eine Rechteckgaußquelle schematisch dargestellt. Unter der Annahme einer Rechteckgaußquelle und zweidimensionaler Wärmeleitungsverluste in einem halbunendlich ausgedehnten Körper ergeben sich aus dem gekoppelten Gleichungssystem die in den Abbildungen 4.2.4 - 4.2.12 dargestellten Zusammenhänge. Bei Funk /3.0.1/3.0.2/ sind ähnliche Rechnungen, jedoch für eindimensionale Wärmeleitungsverluste, angegeben.

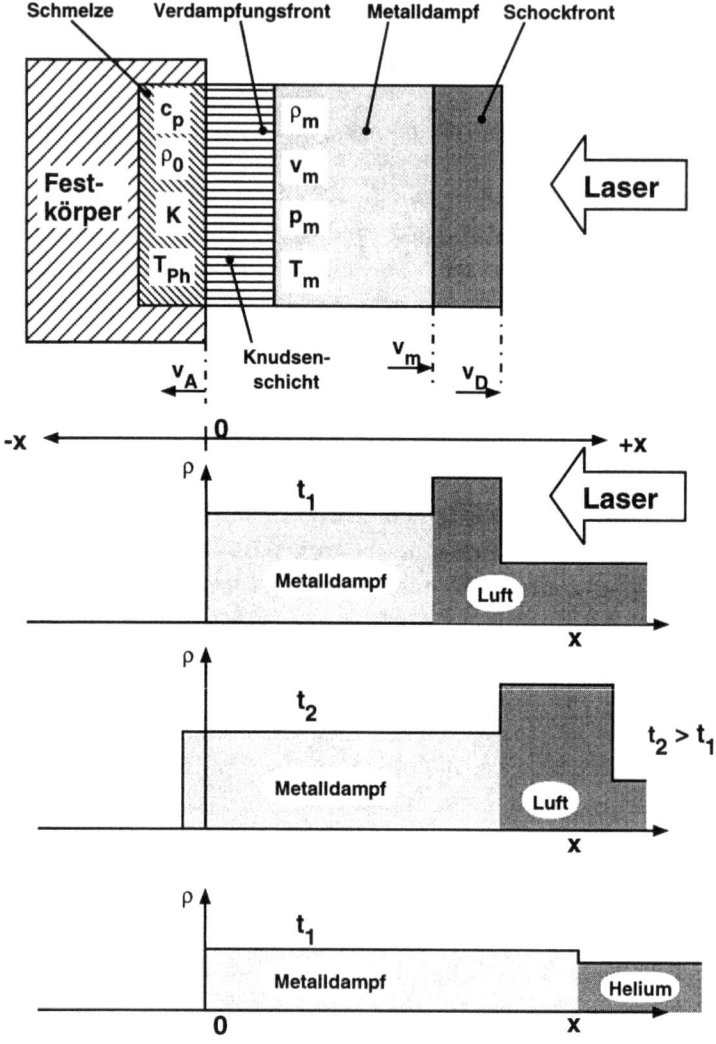

Abb. 4.2.1. Skizze der Vorgänge beim Verdampfen
v_A = Abtragsgeschwindigkeit
v_m = Geschwindigkeit des abströmenden Metalldampfes
v_D = Geschwindigkeit der Schockfront
ρ = Dichte
ρ_0 = Festkörperdichte
ρ_m = Metalldampfdichte
T_{Ph} = Festkörpertemperatur an der Phasenfront
T_m = Metalldampftemperatur
p_m = Metalldampfdruck

Verdampfung und Metalldampfdichte

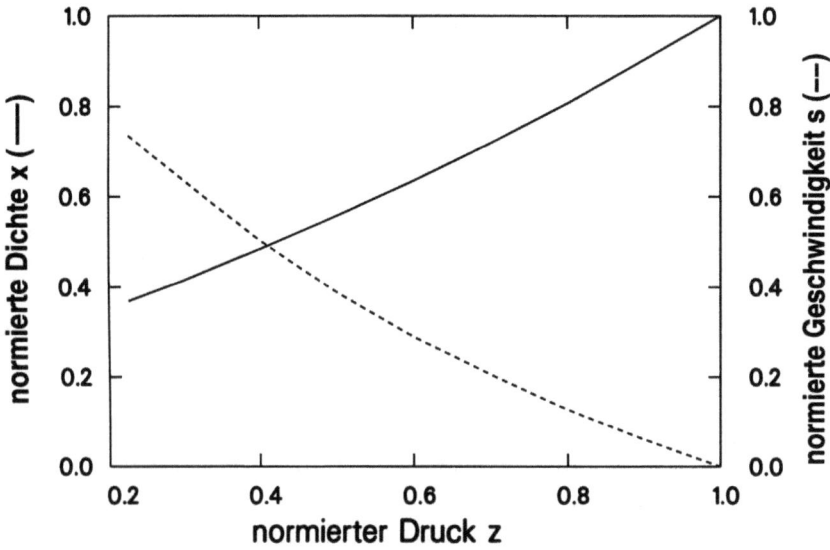

Abb. 4.2.2 Dargestellt ist die normierte Dampfgeschwindigkeit und -dichte als Funktion des normierten Dampfdruckes

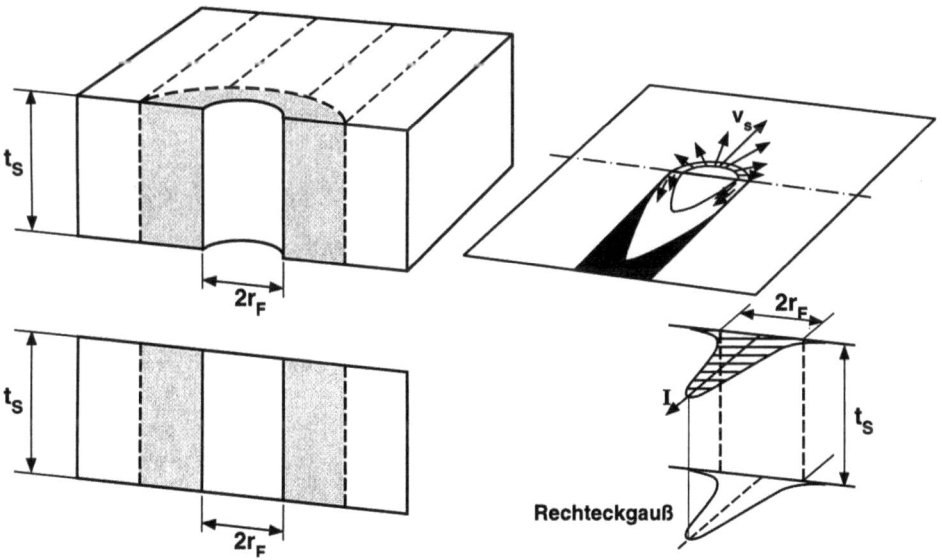

Abb. 4.2.3. Schematische Darstellung des Schweißprozesses mit zylinderförmiger Kapillargeometrie und einer Rechteckgaußverteilung als Näherung für eine Wärmequelle auf der Kapillarfront. (Bild Abb.9.2.1 und 9.2.2)

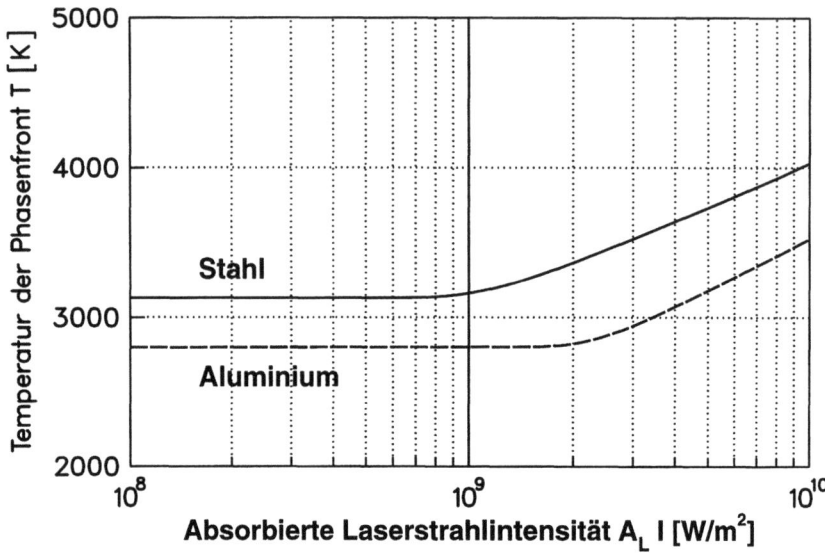

Abb. 4.2.4 Berechnete Temperatur an der Phasengrenze Flüssig - Dampf als Funktion der absorbierten Strahlungsintensität. Die zweidimensionale Wärmeleitungsgleichung liefert im stationären Fall auch für kleine Intensitäten Verdampfungstemperatur

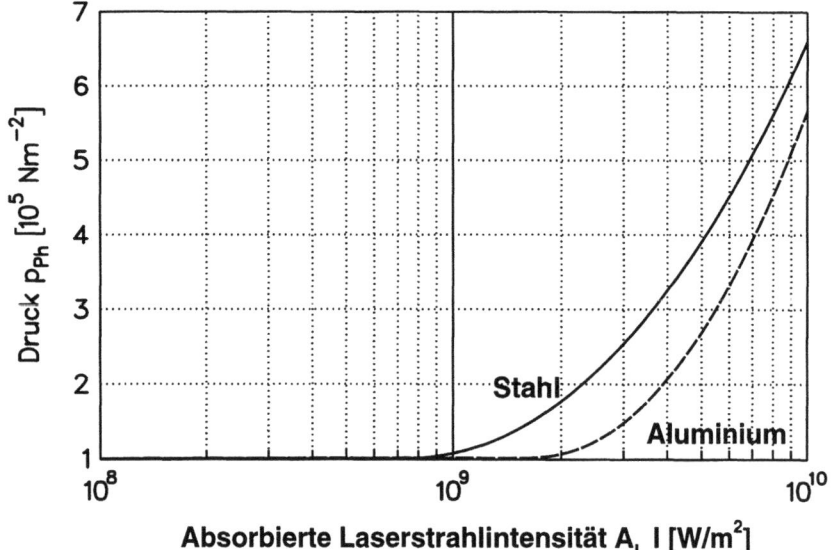

Abb. 4.2.5 Berechneter Metalldampfdruck als Funktion der absorbierten Strahlungsintensität. Umgebende Atmosphäre ist **Luft**.

Verdampfung und Metalldampfdichte

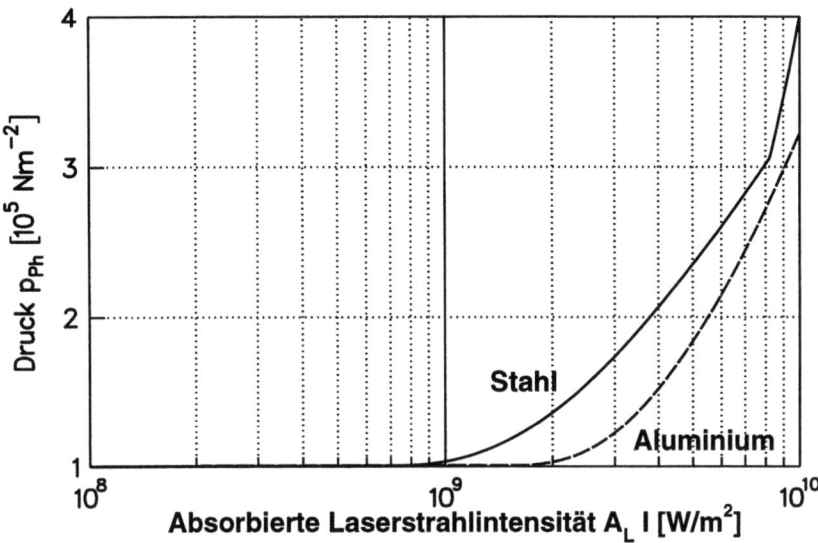

Abb. 4.2.6 Berechneter Metalldampfdruck als Funktion der absorbierten Strahlungsintensität. Umgebende Atmosphäre ist **Helium**.

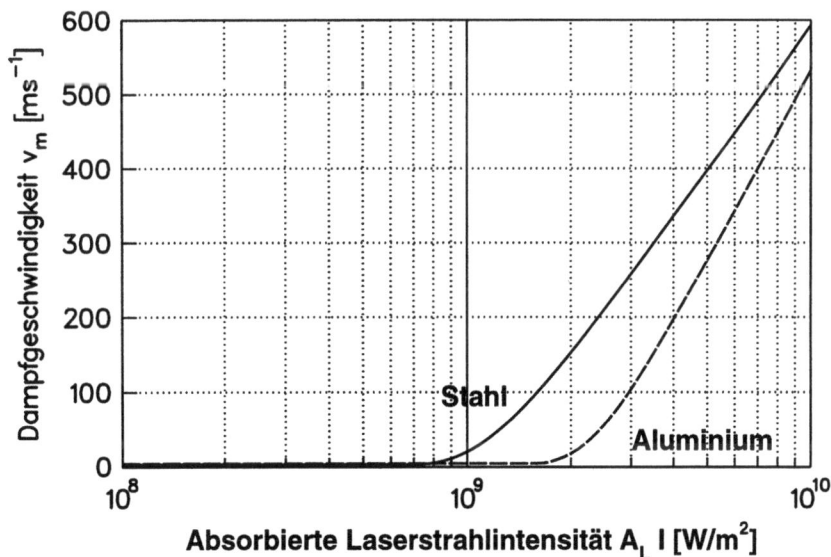

Abb. 4.2.7 Berechnete Abströmgeschwindigkeit des Metalldampfes als Funktion der absorbierten Strahlungsintensität. Die Abströmung erfolgt gegen **Luft**.

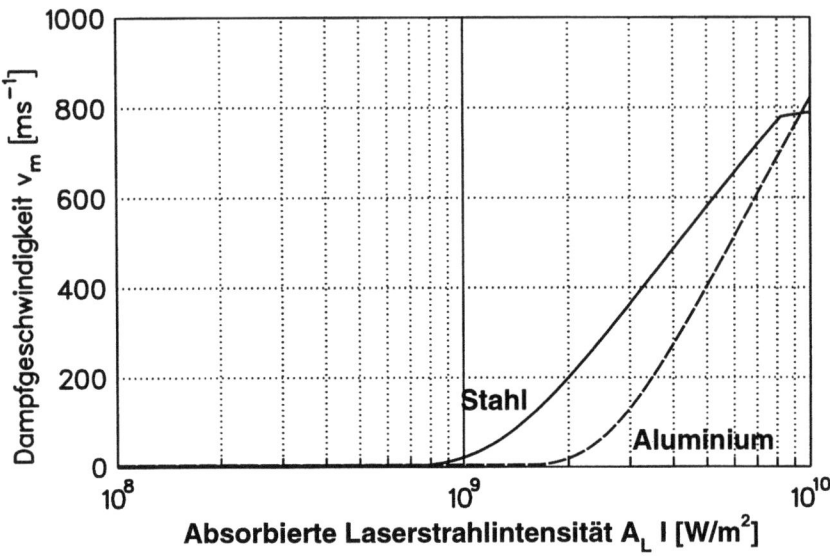

Abb. 4.2.8   Berechnete Abströmgeschwindigkeit des Metalldampfes als Funktion der absorbierten Strahlungsintensität. Die Abströmung erfolgt gegen **Helium**.

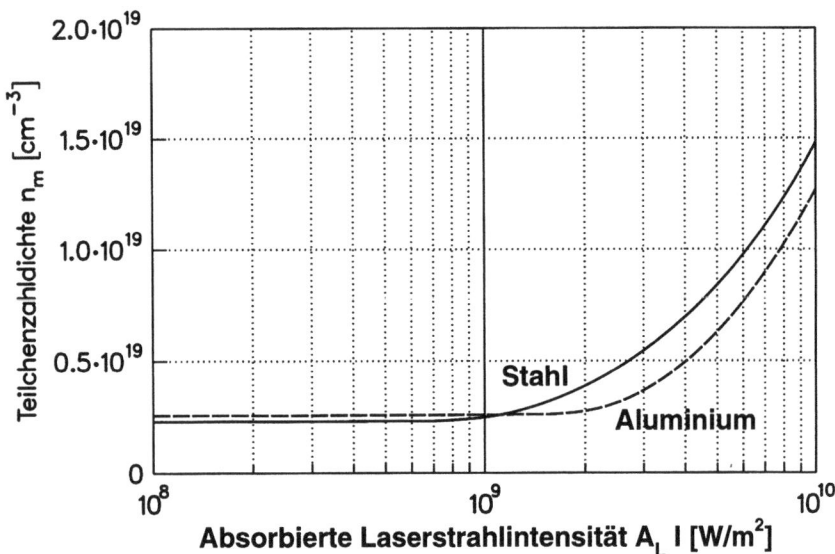

Abb. 4.2.9   Berechnete Metalldampfteilchendichte als Funktion der absorbierten Strahlungsintensität. Die Abströmung erfolgt gegen **Luft**.

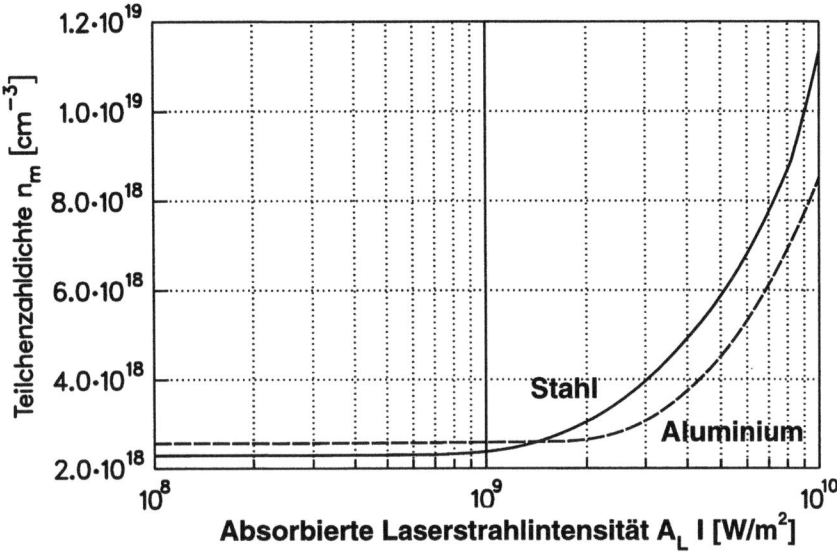

Abb. 4.2.10 Berechnete Metalldampfteilchendichte als Funktion der absorbierten Strahlungsintensität. Die Abströmung erfolgt gegen **Helium**.

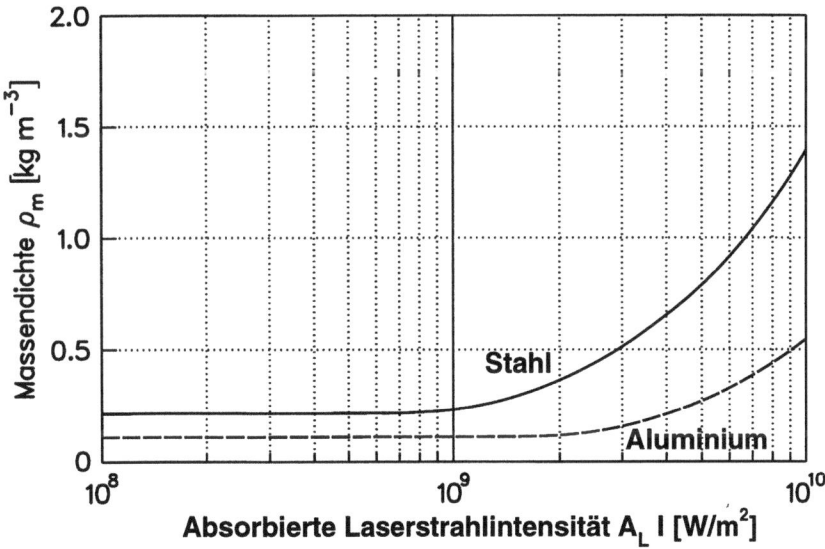

Abb. 4.2.11 Berechneter Metalldampfdichte als Funktion der absorbierten Strahlungsintensität. Umgebende Atmosphäre ist **Luft**.

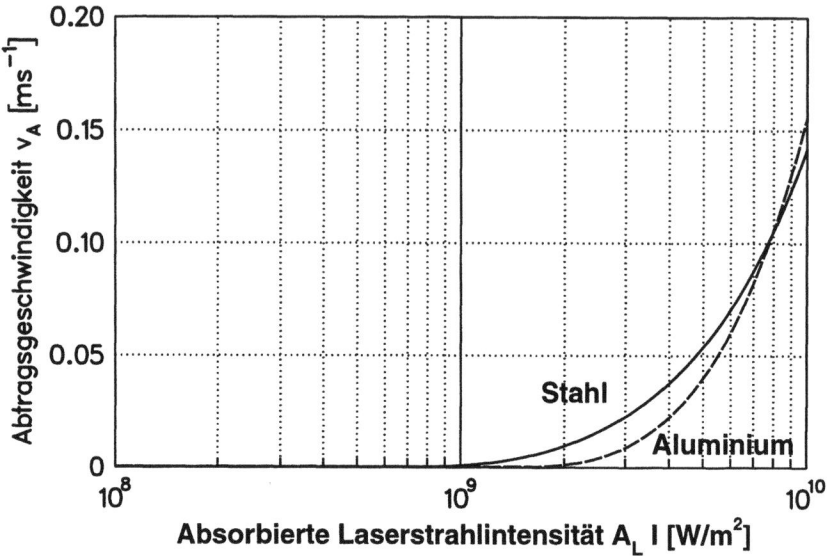

Abb. 4.2.12 Berechnete Abtragsgeschwindigkeit in Schweißrichtung als Funktion der absorbierten Strahlungsintensität. Die umgebende Athmosphäre hat keinen nennenswerten Einfluß auf die Abtragsgeschwindigkeit

4.3 Plasmabildung und Absorption

Eine Voraussetzung für die Bildung eines laserinduzierten Plasmas durch inverse Bremsstrahlung im Metalldampf ist, daß genügend viele freie Startelektronen im Wechselwirkungsvolumen vorhanden sind.

Für die Dichte der freien Elektronen im Metall gilt /4.3.1/:

$$n_e = \int D(\epsilon) f(\epsilon) \, d\epsilon \qquad (4.3.1)$$

$D(\epsilon)$ = Zustandsdichte
$f(\epsilon)$ = Besetzungswahrscheinlichkeit

Aus der Richardsonbeziehung für Glühemission ergibt sich die Dichte der freien Elektronen direkt über der Festkörperoberfläche.

$$n_e = 2\frac{\sqrt{(2\pi m_e kT)^3}}{h^3} e^{-\Phi/kT} \qquad (4.3.2)$$

h   = Planck-Konstante
T   = Temperatur der Festkörperoberfläche
ϕ = Austrittsarbeit (Fe = 4,5 eV)
m_e = Elektronenmasse, k = Boltzmannkonstante

Bei Verdampfungstemperatur T=3000 K folgt für Eisen:

$n_e = 2.4 \ 10^{13} \ (1/cm^3)$

Mit Hilfe der Eggert-Saha Gleichung kann die Dichte der freien Elektronen im Metalldampf berechnet werden /4.3.2/. Berücksichtigt wird dabei die Druckabhängigkeit der Neutralteilchendichte.

$$n_e = \sqrt{p}\, 2 \frac{(2\pi m_e)^{3/4} (kT)^{1/4}}{h^{3/2}} e^{-E_i/kT} \qquad (4.3.3)$$

p = Druck

E_i = Ionisierungsenergie (Fe = 7.9 eV)

T = Temperatur des Metalldampfes

Bei T = 3000 K und einem Dampfdruck von beispielsweise p=2 10^5 Pa folgt:

$n_e = 2.3 \ 10^{13} (1/cm^3)$

Damit ergibt sich für die Elektronendichte an der Festkörperoberfläche sowie im Metalldampf die gleiche Größenordnung.

Freie Elektronen bewegen sich nahezu trägheitslos mit der elektrischen Feldstärke des Laserlichtes mit. Sie können jedoch im zeitlichen Mittel aus dem elektrischen Wechselfeld keine Energie aufnehmen. Dieser Effekt kann durch das Modell des oszillierenden Dipols beschrieben werden, der phasenverschoben die Energie abstrahlt. Die Strahlung wird somit vollständig reflektiert. Die Aufheizung des Elektronengases erfolgt über den Prozeß der inversen Bremsstrahlung. Von besonderer Bedeutung sind dabei die elastischen Stöße der Elektronen mit Atomen oder Ionen.

Der Absorptionskoeffizient α (cm^{-1}) der Laserstrahlung in einem Plasma hängt neben der Laserfrequenz und somit von der Plasmafrequenz gleichermaßen von der Elektronendichte n_e sowie von der elastischen Stoßfrequenz v_c der Elektronen ab.

$$\alpha = \frac{v_c \omega_p^2}{c_0 \left(\omega_L^2 + v_c^2\right)}$$ (siehe Gleichung 3.1.9)

Die elastische Stoßfrequenz setzt sich additiv aus den Stößen Elektron-Neutralgasteilchen v_{cg} und Elektron-Ion v_{ci} zusammen.

$$v_c = v_{cg} + v_{ci} \tag{4.3.4}$$

v_{ci} kann mit Hilfe der Coulomb Wechselwirkung bestimmt werden /4.3.3/4.3.4/.

$$v_{ci} = \frac{4\sqrt{2\pi}\, Z^2 e^4 n_i}{3\sqrt{m_e}\, (kT_e)^{3/2}} \ln\Lambda = k_{ci} n_i \tag{4.3.5}$$

$$\ln\Lambda = \text{Coulomb Logarithmus} = \ln\left(\frac{3}{2Ze^3}\sqrt{\frac{(kT_e)^3}{\pi n_e}}\right)$$

e = 1.6 10^{-19} (As)
n_i = n_e
m_e = Elektronenmasse
kT_e = Elektronenenergie
Z = Ionenladungszahl (Z=1)
k_{ci} = Ratenkonstante für elastische Elektron-Ion-Stöße (cm^{-3} s^{-1})

für kT_e in eV und n_e in cm^{-3} folgt /4.3.3/:

$$v_{ci} = 1.48 \cdot 10^{-6} \frac{n_e}{(kT_e)^{3/2}} \ln\left(1.6 \cdot 10^{10} \frac{(kT_e)^{3/2}}{n_e^{1/2}}\right) \tag{4.3.6}$$

Der Zusammenhang ist nur gültig für ln $\Lambda \geq 2$. Dies entspricht Elektronendichten $n_e < 4 \cdot 10^{18}(kT_e^{3/2})$ $[cm^{-3}]$ /4.3.3/.

Die Stoßfrequenz ν_{ci} ist erst für das laserinduzierte Plasma z. B. $n_e > 10^{16}$ cm^{-3} von Bedeutung. In der Startphase der lawinenartigen Plasmaentwicklung dominiert die Elektron-Neutralgas Stoßfrequenz ν_{cg}.

Die Stoßfrequenz zwischen Elektronen und Aluminium- sowie Stickstoffatomen kann der Literatur entnommen werden:

$$\nu_{cm} \cong 2{,}1 \cdot 10^{-7} \, n_m \, (1/s) \text{ (Aluminium) /4.3.5/} \tag{4.3.7}$$

$$\nu_{cg} \cong 1{,}6 \cdot 10^{-7} \, n_g \, (1/s) \text{ (Stickstoff) /4.3.6/} \tag{4.3.8}$$

Abbildung 4.3.1 zeigt den Beitrag der einzelnen Gaskomponenten zur Gesamtstoßfrequenz als Funktion der Elektronendichte. Der Stoßfrequenz Elektron-Stickstoffatom (Luft) wurde eine Teilchendichte zugrunde gelegt, die einer Atmosphäre bei 3000 K (Verdampfungstemperatur (Fe)) entspricht. Die Stoßfrequenz Elektron-Ion ist für eine Energie berechnet, welche der Verdampfungstemperatur sowie der einer charakteristischen Plasmatemperatur entspricht. Mit wachsender Elektronendichte dominiert die Coulomb-Wechselwirkung. Die Stoßfrequenz wird ausschließlich durch die Stöße Elektron-Ion bestimmt.

Gleichzeitig nimmt mit wachsendem Ionisierungsgrad die Neutralgasteilchendichte ab, so daß der Absorptionskoeffizient für Plasmen, wie sie beim Schweißen mit CO$_2$-Lasern entstehen, durch die folgende Näherung beschrieben werden kann. Aus Gleichung 3.1.9 und 4.3.6 folgt:

$$\boxed{\begin{array}{l} \alpha \approx 1{,}5 \cdot 10^{-35} \, n_e^2 \, T_e^{-\frac{3}{2}} \quad (cm^{-1}) \\ n_e \text{ in } (cm^{-3}) \\ T_e \text{ in } (eV) \end{array}} \tag{4.3.9}$$

Die Elektronendichten beim Tiefschweißen liegen um 3 - 5 Größenordnungen über denen, welche aus der Eggert-Saha-Gleichung (Gl. 4.3.4) bei Verdampfungstemperatur errechnet werden. Um den Metalldampf so weit zu ionisieren, muß dem Strahlungsfeld des Lasers Energie entzogen werden. Dies erfolgt in der bereits beschriebenen Weise über den Mechanismus der "inversen Bremsstrahlung".

Die Energiedichte in einem Plasma ist bestimmt durch die Elektronen- und Ionentemperatur sowie durch die zugehörige Teilchendichten. Da die Laserstrahlung nur mit den Elektronen wechselwirkt, ist zur Beschreibung der Plasmaabsorption die Änderung der Energiedichte $n_e \bar{\epsilon}$ des freien Elektronengases von Bedeutung /Beyer/3.1.1/. Diese kann mit Hilfe der Energiebilanz berechnet werden.

$$\frac{d(n_e \bar{\epsilon})}{dt} = \alpha I - P_c - P_a - P_{en} - P_{ee} \qquad (4.3.10)$$

- $\alpha \cdot I$ stellt die aus der Laserstrahlung absorbierte und somit die dem Plasma zugeführte Energie pro Volumenelement und Zeit dar (Leitungsdichte).

- P_c sind die Verluste (W/cm^3) des Elektronengas und damit des Plasmas, welche durch den Stoß eines Elektrons mit einem Neutralteilchen und dem damit verbundenem Energieübertrag entstehen. Hierdurch wird u. a. der Metalldampf weiter aufgeheizt.

- P_a beschreibt die Verluste (W/cm^3), welche durch Strahlungsanregung entstehen. Das stoßende Elektron gibt beim Stoß einen Teil seiner Energie an ein Atom ab. Das hierdurch angeregte Atom gibt seine Anregungsenergie nach ca. 10^{-8} Sekunden in Form von Strahlung wieder ab. Damit geht die Energie dem Plasma verloren. Der Betrag von P_a ist schwer zu quantifizieren, da über alle möglichen Anregungslinien mit den dazugehörigen Anregungswahrscheinlichkeiten integriert werden müßte. Letztere sind für Plasmen wie sie beim Laserstrahlschweißen auftreten nur bruchteilhaft bekannt.

- P_{diff} stellt die Verluste (W/cm^3) dar, welche sich durch Diffusion bzw. aufgrund der Strömung des Dampfes aus dem betrachteten Volumenelement ergeben.

- P_{en} beschreibt die Leistungsdichte (W/cm^3), welche dem Plasma durch Dreierstoßrekombination entzogen wird. Der dritte Stoßpartner, ein Neutralgasatom oder Ion übernimmt dabei die freiwerdende Ionisierungsenergie und die kinetische Energie des Elektrons: Diese wird in kinetische Energie des Neutralgasatomes umgewandelt. Hierdurch wird der Metalldampf weiter aufgeheizt.

- P_{ee} beschreibt die Änderung der Leistungsdichte (W/cm³) des Plasmas, welche durch Dreierstoßrekombination hervorgerufen wird, bei der der dritte Stoßpartner ein Elektron ist. Der Rekombinationsvorgang stellt einen Verlustterm in der Elektronendichtebilanz dar. Die kinetische Energie, welche der 3. Stoßpartner, also ein Elektron aufnimmt bedeutet einen Gewinn in der Bilanzgleichung der Elektronenenergie. Bei diesem Rekombinationsvorgang wird das Elektron in der Regel zunächst auf einem energetisch hohen Niveau des Atoms gebunden und verläßt dieses Niveau E_a unter Abgabe von Strahlungsenergie. Diese Energie stellt einen Verlustterm für das Plasma dar.

- P_i beschreibt den Energieverlust des Elektronengases (W/cm³), welcher bei ionisierenden Stößen entsteht. Da die kinetische Energie der Elektronen in eine Erhöhung der Teilchendichte und damit in potentielle Energie umgewandelt wird, stellt P_i für das Plasma keinen Verlustterm dar. P_i muß aber bei der Berechnung der mittleren Elektronenenergie als Verlust berücksichtigt werden.

Die Änderung der mittleren Elektronenenergie folgt aus:

$$n_e \frac{d\bar{\epsilon}}{dt} = \alpha I - P_c - P_a - P_i + P_{ee} \frac{E_i - E_a}{E_i} \qquad (4.3.11)$$

Die einzelnen Raten sind in der Literatur /Beyer 85, Aden 93/ ansatzweise beschrieben. Unter den Randbedingungen eines Metalldampfes $T_v \approx 3000$ (K), $n_e \approx 2 \cdot 10^{13}$ (cm⁻³), $\bar{\epsilon} \approx 0,25$ (eV) dominieren in der Startphase eines laserinduzierten Plasmas in Gleichung (4.3.11) die Größen αI und P_c. Erst mit wachsendem $\bar{\epsilon}$ wachsen auch die übrigen Terme, so daß sich ein Gleichgewicht einstellen kann. Unter stationären Bedingungen stellt sich die Elektronentemperatur immer so ein /Dravin 1962/, daß bezogen auf die Ionisierungsenergie der Gasatome gilt:

$$\frac{1}{10} E_i < \bar{\epsilon} < \frac{1}{8} E_i \qquad (4.3.12)$$

Die Abbildungen 4.3.2 und 4.3.3 ist die Entwicklung der Elektronenenergie für zwei $\alpha \cdot I$-Werte dargestellt. Wesentlich ist, daß sich bereits nach 10^{-10} - 10^{-8} Sekunden ein stationärer Wert eingestellt hat. Der Betrag dieses Wertes entscheidet unter anderem darüber, ob die in Gleichung 4.3.13 dargestellte Elektronendichtebilanz positiv wird.

$$\overline{\epsilon} \; \frac{d\,n_e}{dt} = P_i - P_{diff} - P_{en} - P_{ee} \qquad (4.3.13)$$

P_i wächst exponentiell mit zunehmendem $\overline{\epsilon}$. In der Startphase dominiert unter den Verlusttermen P_{diff}. Von dem Zeitpunkt an wo P_i größer geworden ist als die Verlustterme P_{diff}, P_{en} und P_{ee}, beginnt ein exponentielles Anwachsen von n_e. Mit n_e wachsen auch die Rekombinationsterme P_{en} und P_{ee} bis die Bilanzgleichung (4.3.13) ausgeglichen d. h. $\frac{d\,n_e}{dt} = 0$ ist. In den Abbildungen 4.3.2 und 4.3.3 ergeben sich Elektronendichten n_e zwischen 10^{16} cm^{-3} und 10^{18} cm^{-3}. Die Berechnung der Elektronendichte besitzt maximal eine Genauigkeit von ± einer Größenordnung und ermöglicht somit z. Z. nur die Beschreibung relativer Zusammenhänge. Experimentelle Ermittlungen der Elektronendichte und Temperatur stimmen jedoch recht gut mit den berechneten Werten überein /Sokolowski 92/.

Bei entsprechend großen $\alpha \cdot l$ -Werten können somit während des Schweißprozesses laserinduzierte Plasmen entstehen, welche die einfallende Laserstrahlung mehr oder weniger stark absorbieren.

Der Betrag von α hängt u. a. von der **lokalen** Metalldampfdichte n_m ab (siehe. Gl. 3.1.9, Gl. 4.3.4 und Gl. 4.3.7). Damit ergibt sich für hohe Schweißgeschwindigkeiten ein kleinerer $\alpha \cdot l$-Wert als bei kleinen Schweißgeschwindigkeiten v_s und damit ein geringerer Einfluß des Plasmas.

Zwei Effekte sind hierfür verantwortlich.

1. Mit zunehmender Geschwindigkeit nimmt die Schweißtiefe und damit der Einfallswinkel der Laserstrahlung auf der Kapillarfront ab. Aufgrund der Polarisationseffektes verringert sich hierdurch die Absorption $A_L l$ an der Kapillarfront und damit die erzeugte Metalldampfdichte n_m.

2. Die berechneten Metalldampfdichten (Abb. 4.2.9 - 10) basieren auf den Abtragsgeschwindigkeiten von Abb. 4.2.12. Ist die Schweißgeschwindigkeit größer als die Abtragsgeschwindigkeit, so kann nicht mehr sondern eher weniger verdampft werden. Selbst bei annähernd gleicher Verdampfungsrate verteilt sich die Metalldampfdichte auf eine größere Strecke. Hierdurch nimmt die lokale Metalldampfdichte ab.

$$\alpha\, l \sim 1/v_s \qquad (4.3.14)$$

Experimentell wird dieser Zusammenhang dadurch bestätigt, daß mit zunehmender Schweißgeschwindigkeit die Bedeutung des Prozeßgases zur Unterdrückung der Plasmaabschirmung geringer wird bzw. dieses nicht mehr benötigt wird.

Als Prozeßgas zur Unterdrückung der Plasmaabsorption wird in der Regel Helium verwendet. Die Beeinflussung der Plasmaabsorption beruht auf zwei Effekten.

1. Wie im Kapitel 4.2 (Abb. 4.2.1) beschrieben, kann der Metalldampf gegen eine Heliumatmosphäre leicht (schneller) aus der Kapillare herausströmen. Hierdurch entsteht eine geringere Metalldampfdichte n_m.

2. Das leichtere Helium hat eine größere Stoßwahrscheinlichkeit mit den ionisierten Dampfatomen des Plasmas. Hierdurch erhöht sich die Dreierstoßrekombinationsrate. Somit ergibt sich eine geringere Elektronendichte und damit ein geringerer Absorptionskoeffizient α.

Das laserinduzierte Plasma kann oberhalb des Werkstücks sowie in der Dampfkapillare einen Teil der einfallenden Laserstrahlung absorbieren.

In Abbildung 4.3.4 ist die Abnahme der Strahlungsintensität über dem Ort für typische Absorptionswerte α aufgetragen.

Der exponentielle Verlauf ergibt sich aus dem Lambert-Beerschen-Gesetz

$$I = I_0 e^{-\alpha x} \qquad (4.3.15)$$

Dieser Zusammenhang ist jedoch nur näherungsweise gültig, da der Absorptionskoeffizient α eine Funktion der Strahlungsintensität ist, bzw. für konstanten Fokusradius von der Leistung abhängt.

$$\alpha = \alpha(I) \text{ bzw. } \alpha = \alpha(P_L) \qquad (4.3.16)$$

Unterhalb einer Schwellintensität I_s kann sich kein laserinduziertes Plasma entwickeln. Die Schwellintensität wird somit immer transmittiert, unabhängig von der Größe des Absorptionskoeffizienten α zu Beginn. Dies bedeutet, daß α mit geringer werdender Intensität ebenfalls abnimmt. Dieses Verhalten ist schematisch in Abbildung 4.3.5 skizziert. Eine gute Näherung ergibt sich durch die Berücksichtigung der Schwellintensität in Gleichung 4.3.15, so daß sich die Beziehung

$$I = (I_0 - I_S)\,e^{-\alpha x} + I_S \qquad (4.3.17)$$

ergibt.

Für das Schweißen bedeutet dieses Verhalten, daß die Plasmaabsorption im oberen Bereich der Kapillare in jedem Fall höher ist als im unteren Bereich.

Ein selbstkonsistentes Modell zur Berechnung der Elektronendichte liegt noch nicht vor, daher muß auf experimentell ermittelte Elektronendichten zurückgegriffen werden.

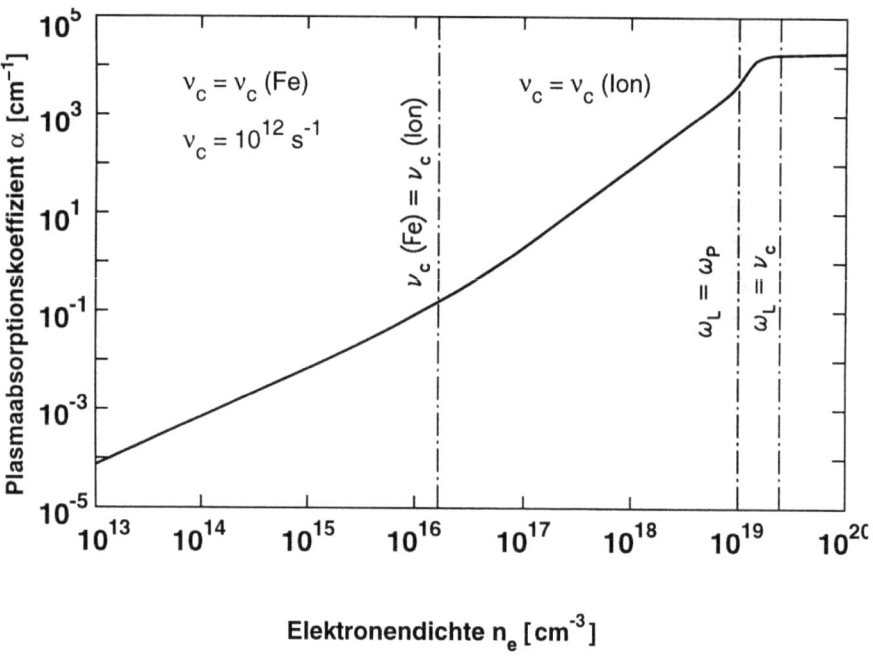

Abb. 4.3.1 Berechnete Elektronenstoßfrequenz als Funktion der Elektronendichte /3.1.1/.

Plasmabildung und Absorption

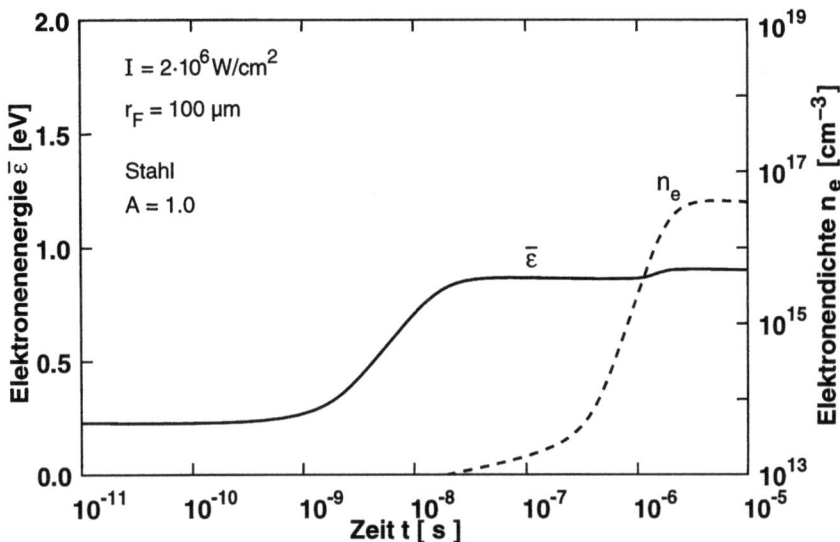

Abb. 4.3.2   Berechnete Plasmaentwicklung für eine Laserintensität von $I = 2 \cdot 10^6$ (W/cm)² unter der Annahme einer konstanten Metalldampfdichte, die sich aus einer absorbierten Intensität von $I = 2 \cdot 10^6$ (W/cm²) an einer Stahloberfläche ergibt /3.1.1/.

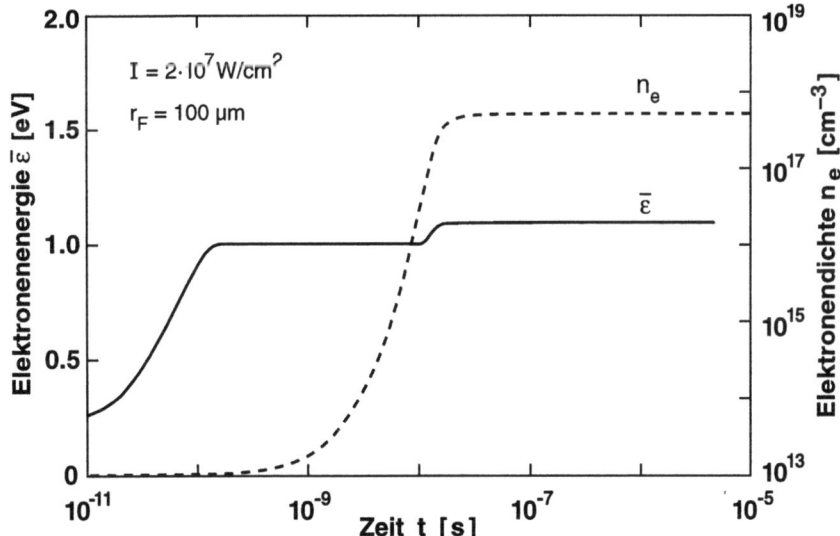

Abb. 4.3.3   Berechnete Plasmaentwicklung für $I = 2 \cdot 10^7$ (W/cm²) eingestrahlte Laserintensität unter der Annahme einer konstanten Metalldampfdichte, die sich aus einer absorbierten Intensität von $I = 2 \cdot 10^7$ (W/cm²) an einer Stahloberfläche (Kapillare) ergibt /3.1.1/.

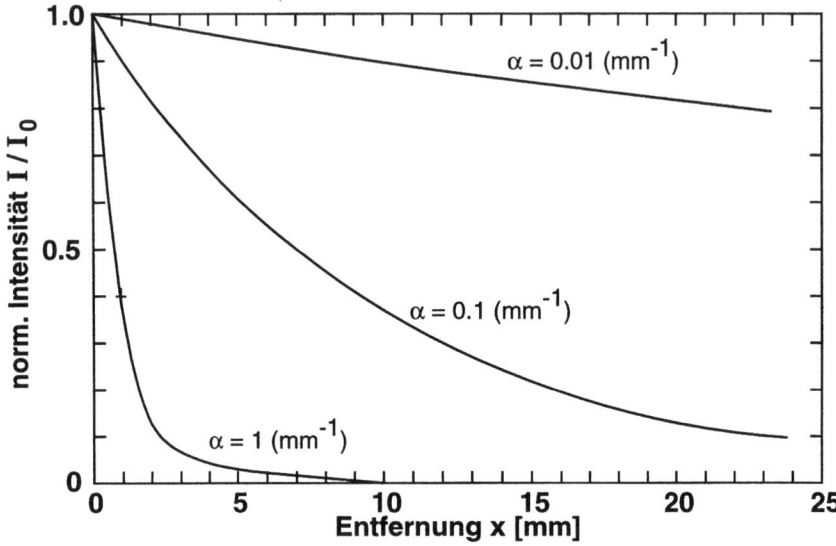

Abb. 4.3.4 Verringerung der eingestrahlten Intensität als Funktion des Ortes für unterschiedlich konstante Plasmaabsorptionskoeffizienten. Nicht berücksichtigt ist daß α eine Funktion der Intensität I ist.

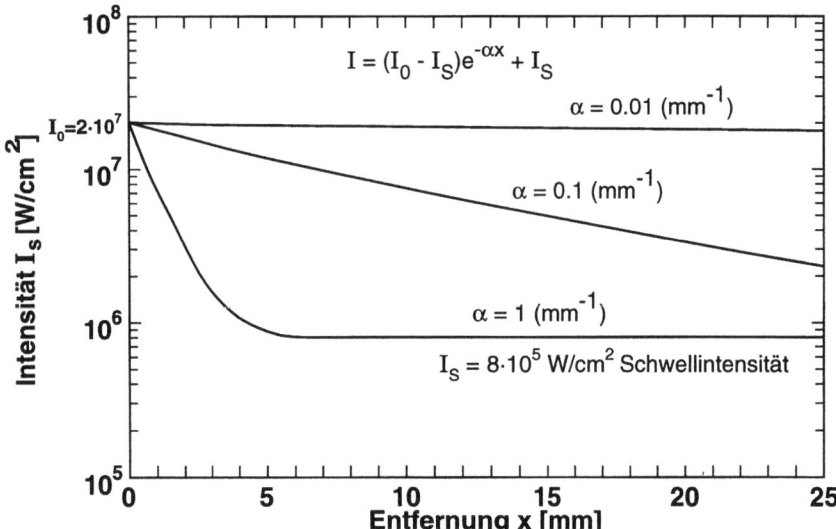

Abb. 4.3.5 Verringerung der eingestrahlten Intensität als Funktion des Ortes für unterschiedlich konstante Plasmaabsorptionskoeffizienten unter Berücksichtigung einer Schwellintensität unterhalb welcher sich kein Plasma ausbilden kann.

4.4 Plasmaabschirmung

Ein laserinduziertes Plasma kann sich je nach Prozeßparametern derart stark aufheizen, daß es nur noch für einen kleinen Teil der einfallenden Strahlung transparent ist. In diesem Fall wird das Werkstück durch das Plasma oberhalb der Werkstückoberfläche gegenüber der einfallenden Strahlung abgeschirmt. Verbunden hiermit ist eine Abnahme der Verdampfungsrate und damit der von der Oberfläche bzw. aus der Kapillare abströmenden Metalldampfdichte. Dies hat zwangsweise eine Verringerung der Absorption und damit der abschirmenden Wirkung des Plasmas zur Folge. Der Vorgang ist somit instabil und wird sich stochastisch wiederholen.

In Abbildung 4.4.1 ist die Bildung eines abschirmenden Plasmas zu erkennen. Nachdem sich ein absorbierender Plasmaball über dem Werkstück gebildet hat ist der Schweißprozeß weitgehend unterbrochen Beyer /3.1.1/ /4.4.1/.

Die Bildung eines Atmosphären- oder Schutzgasplasmas ist unter normalen ($n_e = 10^3 cm^{-3}$) Bedingungen erst bei Intensitäten ($I > 10^9$ W/cm^2) möglich, wie sie zum Schweißen nicht eingesetzt werden. Der Grund hierfür ist die höhere Ionisierungsenergie der Inertgase wie N_2, Ar, He verglichen mit der Ionisierungsenergie der Metalldampfatome. Liegt jedoch ein Metalldampfplasma mit Elektronendichten $n_e > 10^{16}$ cm^{-3} vor, so ändern sich die Startbedingungen für die Bildung von Schutzgasplasmen.

In Abbildung 4.4.2 sind die Schwellintensitäten zur Bildung eines laserinduzierten Argonplasmas als Funktion der Einstrahlzeit aufgetragen /3.1.1/. Parameter ist die Startelektronendichte. Zu erkennen ist, daß sich mit zunehmender Startelektronendichte die erforderliche Schwellintensität verringert.

Ist ein laserinduziertes Schutzgasplasma gezündet, so ist dieses weitgehend stabil und die Gegenwart eines Metalldampfplasmas nicht mehr erforderlich. Wie in Abb. 4.4.1 Bild 3 zu erkennen hat der abschirmende Plasma keinen Kontakt mehr zur Werkstückoberfläche und schwebt frei über dem Werkstück. Es bleibt auch erhalten, wenn das Werkstück entfernt wird.

Die Absorption in diesen freischwebenden Schutzgasplasmen ist experimentell von Funk /3.0.1/ untersucht worden. Neben der Absorption kann jedoch eine Linsenwirkung des Plasmas auftreten /4.4.2/. Umfassende Untersuchungen hierzu sind nicht bekannt. In jedem Fall wird die Intensität der Laserstrahlung auf der Werkstückoberfläche durch die Linsenwirkung verändert (verringert).

 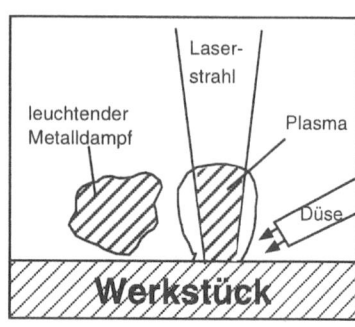

 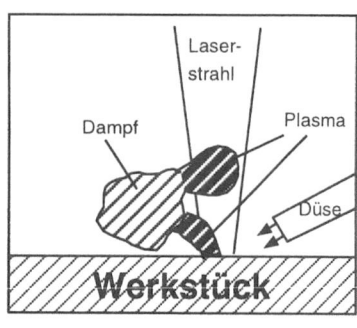

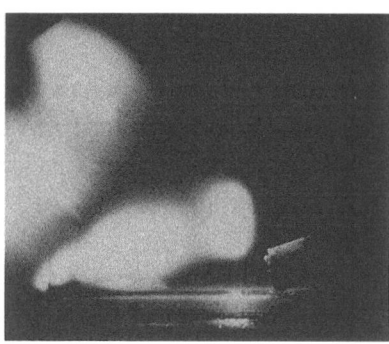 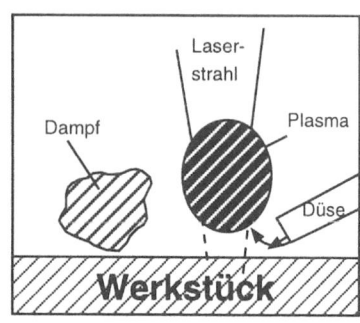

Abb. 4.4.1   Bildung eines abschirmenden Plasmas (Argon)

Bild 1:   Laserinduziertes Metalldampfplasma und leuchtender Metalldampf

Bild 2:   Aus dem Metalldampf hat sich eine Schutzgasplasma gebildet. Die Verdampfungsrate wird geringer. Der Dampfstrom aus der Kapillare kann durch den Schutzgasstrom abgelenkt werden.

Bild 3:   Es hat sich ein freischwebendes abschirmendes Plasma gebildet. Der Schweißprozeß ist unterbrochen.

Die Bildung von Schutzgasplasmen kann durch eine Prozeßregelung, wie sie in Kapitel 11.4 beschreiben wird, teilweise vermieden werden. Die Grundlage der Prozeßregelung ist, daß durch kurzzeitige Verringerung der Laserintensität die Schutzgasplasmen wieder erlöschen. Die Zeit zum Erlöschen der Plasmen ist besonders bei relativ geringen Laserstrahlintensitäten ($I < 5 \cdot 10^6$ W/cm^2) deutlich kürzer als die Zeit, welche zur Zündung erforderlich ist.

Die Schwellintensität zur Bildung von Schutzgasplasmen kann auch durch eine Erhöhung der Prozeß- bzw. Schutzgasflusses erhöht werden. Hierdurch wird die Diffusionsrate, welche einen Verlustterm in der Bilanzgleichung (Gl. 4.3.13) darstellt vergrößert und die Schutzgasplasmabildung erschwert. Bei hohen Strahlleistungen $P_L > 10$ kW und hohen Intensitäten $I > 5 \cdot 10^6$ W/cm^2 kann auch durch Erhöhen des Schutzgasflusses mit Argon eine abschirmende Plasmawirkung nicht mehr ausgeschlossen werden. Aus diesem Grund empfiehlt sich die Verwendung von Helium.

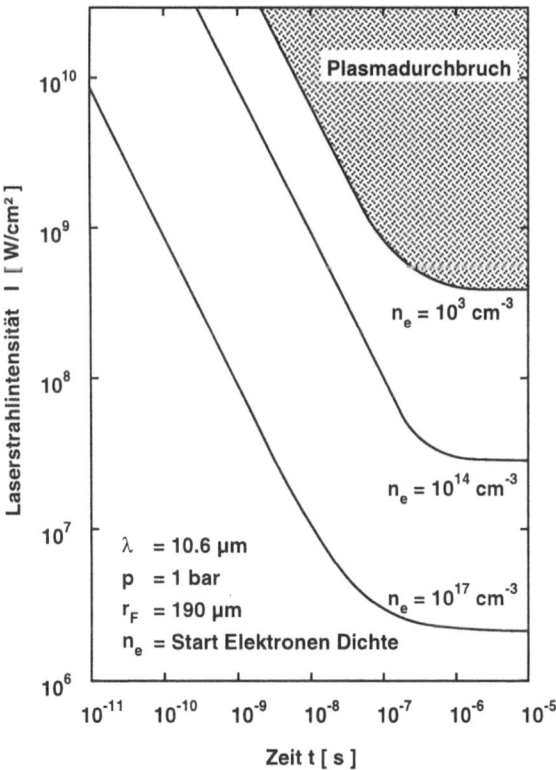

Abb. 4.4.2 Berechnete Schwellintensität zur Plasmabildung in Argon für verschiedene Startelektronendichten /3.1.1/

5. Kapillarbildung

Wie in Kapitel 2.1 beschrieben, beginnt die Bildung einer Kapillaren mit der Deformation (Vertiefung) der aufgeschmolzenen Oberfläche. Die vor der Vertiefung befindliche Schmelze beginnt um diese herumzuströmen. Ist die eingestrahlte Laserintensität höher als eine kritische Intensität, wird Verdampfungstemperatur auf der Werkstückoberfläche erreicht. Durch den Druck des abströmenden Metalldampfes wird die Oberfläche der Schmelzzone weiter deformiert. Durch diese Deformation und die Verdampfung von Material bildet sich eine Kapillare aus. Die Laserstrahlung trifft nicht mehr senkrecht auf die Metalloberfläche sondern auf eine gekrümmte, bzw. in Schweißrichtung geneigte Oberfläche. Hierdurch wird entsprechend Abbildung 3.2.1 die Absorption erhöht. Die Verdampfungsrate wird vergrößert. Gleichzeitig tritt Mehrfachreflexionen auf, welche die Energieeinkopplung weiter erhöhen. In Abhängigkeit der Metalldampfdichte kann sich ein laserinduziertes Plasma ausbilden, welches die Absorption weiter erhöht (siehe Kap. 4.1). Während der durch die Verdampfung hervorgerufene "Bohrprozeß" zu Beginn senkrecht zur Werkstückoberfläche erfolgt, findet dieser bei ausgebildeter Kapillare senkrecht zur Kapillarfront statt. Der Impulsübertrag der abströmenden Dampfatome (Verdampfungsdruck) unterstützt die Schmelzbewegung um die Kapillare. Der Dampfdruck in der Kapillare verhindert ein Schließen derselben.

5.1 Druck in der Kapillare

Der Druck in der Kapillare p_i setzt sich wie folgt zusammen:

$$p_i = p_k + p_{st} + p_h + p \tag{5.1.1}$$

$$p_k = \sigma_s / r_k = \text{Kapillardruck} \tag{5.1.2}$$
σ_s = Oberflächenspannung
r_k = Kapillarradius

$$p_{st} = (\rho_s / 2)\, v_s^2 = \text{Staudruck} \tag{5.1.3}$$
ρ_s = Dichte der Schmelze
v_s = Schweißgeschwindigkeit

$p_h = \rho_s \, g \, h_s$ = hydrostatischer Druck (5.1.4)
$h_s \approx t_s$ in Wannenlage
t_s = Einschweißtiefe
p = Umgebungsdruck

Der Staudruck und der hydrostatische Druck liefern nur einen vernachlässigbaren Beitrag in der Kapillaren. Die Schweißergebnisse zeigen allerdings bei größeren Schweißtiefen ($t_s \geq 20$ mm) einen Einfluß der Schweißposition. In horizontaler Position ergeben sich größere Schweißtiefen als in Wannenlage. Für den Kapillardruck p_k ergeben sich typische Werte in der Größenordnung von $1{,}1 \cdot 10^5$ - $1{,}3 \cdot 10^5$ (N/m^2). Im Falle des Druckgleichgewichtes in der Kapillaren muß p_i durch den Dampfdruck p_D kompensiert werden. Abbildung 5.1.1. zeigt den Dampfdruck als Funktion der absorbierten Laserintensität der sich einstellen würde, wenn keine Schmelzbewegung stattfindet. Berücksichtigt ist die zweidimensionale Wärmeleitung ausgehend von einer ebenen Oberfläche (siehe Kapitel 4.2).

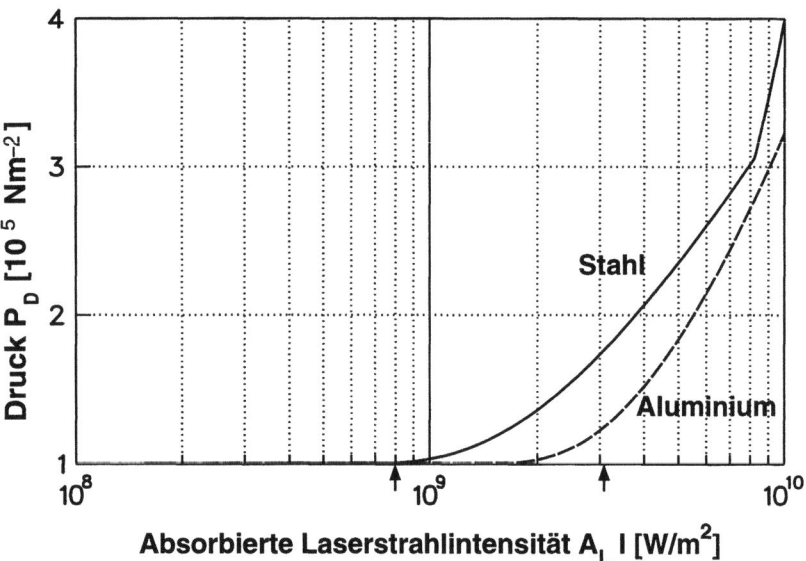

Abb. 5.1.1   Dampfdruck an der Phasenfront (Flüssigkeit - Dampf) als Funktion der absorbierten Strahlungsintensität. Die Pfeile geben einen typischen Arbeitsbereich an.

5.2 Verdampfungsrate in der Kapillaren

In Abbildung 5.2.1. ist die Geschwindigkeit v_p der Verdampfungsfront als Funktion der absorbierten Laserintensität dargestellt. Die Geschwindigkeit v_p würde unter normalen Bedingungen und unter Vernachlässigung der Schmelzbewegung der Schweißgeschwindigkeit entsprechen. In Abbildung 5.2.2 ist die experimentell ermittelte Einschweißtiefe als Funktion der Geschwindigkeit für 10 kW Laserleistung aufgetragen. Der reflektierte Anteil beträgt entsprechend Abbildung 3.3.4 zwischen 5% bei v_s = 2 m/min und 8% bei v_s = 6 m/min. Zum Vergleich ist die Schweißtiefe, bzw. Schweißgeschwindigkeit eingetragen, welche der Geschwindigkeit der Verdampfungsfront in Abbildung 5.2.1 entspricht. Angenommen ist hierbei:

- Der mittlerer Neigungswinkel θ_s der Kapillaren beträgt:
  θ_s = arctg (Fokusdurchmesser / Schweißtiefe) = 3,5 Grad

- Der Absorptionsgrad ist derjenige für zirkular polarisierter Strahlung entsprechend Abbildung 3.2.1 mit $A_L{'}$ = 0,4

- Da fast die gesamte Strahlungsenergie eingekoppelt wird ist vorausgesetzt, daß die verbleibenden 60% durch Mehrfachreflexion und Plasmaabsorption homogen an der Kapillaroberfläche absorbiert werden, d.h. 30% an der vorderen Hälfte der Kapillaren. Der Absorptionsgrad der Front beträgt somit A_L^* = 0,70

- Die absorbierte Strahlungsintensität I_{abs} auf der Kapillarfront beträgt
  $I_{abs} = (A_L^* P_L) / (d_F t_s)$

Der Vergleich zeigt, daß mit zunehmender Geschwindigkeit die experimentell ermittelten Schweißgeschwindigkeiten über denen der berechneten Verdampfungsfrontgeschwindigkeit liegen. Bei Geschwindigkeiten $v_s \leq$ 1 m/min besteht die theoretische Möglichkeit der vollständigen Verdampfung des Kapillarvolumens. Ein Teil des entstehenden Metalldampfes würde an der kälteren Rückwand kondensieren und ein weiterer Teil aus der Kapillaren herausströmen. Bei größeren Geschwindigkeiten v_s > 1 m/min kann nur noch ein Bruchteil des Kapillarvolumens verdampfen. Der übrige Teil muß in schmelzflüssiger Form um die Kapillare herumströmen. Trotz näherungsweise gleichbleibender Verdampfungsrate nimmt die lokale Dampfdichte aufgrund der zunehmenden Geschwindigkeit ab.

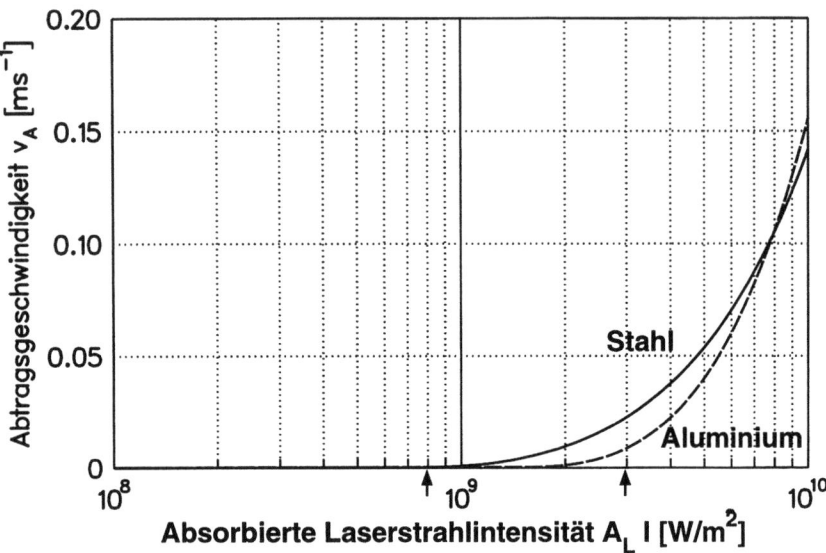

Abb.: 5.2.1   Ausbreitungsgeschwindigkeit einer Verdampfungsfront an einer ebenen Oberfläche als Funktion der absorbierten Strahlungsintensität. Die Pfeile kennzeichnen den im Rahmen der experimentellen Untersuchung erfaßten Intensitätsbereich.

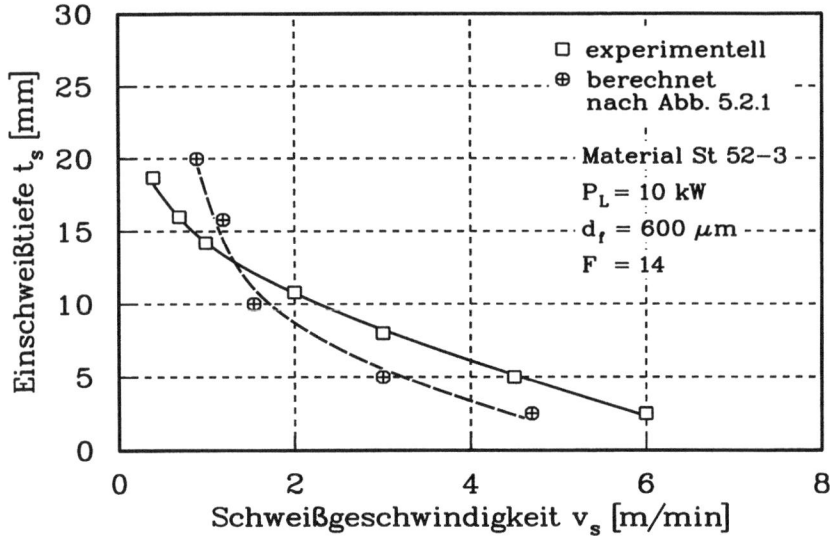

Abb.: 5.2.2   Dargestellt ist ein Vergleich von experimentell ermittelter Einschweißtiefe, bzw. Geschwindigkeit und der sich entsprechend Abbildung 5.2.1 aus der Geschwindigkeit der Verdampfungsfront ergebenen Werte.

Da die Absorption des laserinduzierten Plasmas proportional der Metalldampfdichte ist, nimmt auch die Absorption mit zunehmender Schweißgeschwindigkeit ab. Während bei niedrigen Schweißgeschwindigkeiten die Plasmaabsorption, bzw. Abschirmung durch ein Prozeßgas (z.B. Helium) verringert werden kann, hat dieses bei hohen Geschwindigkeiten nahezu keinen Einfluß mehr.

5.3 Dampfströmung aus der Kapillaren

Die Strömungsgeschwindigkeit des Metalldampfes ober- und unterhalb der Dampfkapillaren kann mit Hilfe der Laserdoppleranemometrie bestimmt werden /5.3.1/3.0.1/3.0.2/. Für das Schweißen eines unlegierten Baustahles mit einer Blechdicke von 10 mm und einer Laserleistung von 10 kW kann für eine vollständige Verbindungsschweißung eine mittlere Ausströmgeschwindigkeit von ca. 195 m/s bei einer Vorschubgeschwindigkeit von 0,8 m/min und ca. 209 m/min bei einer Vorschubgeschwindigkeit von 2,5 m/min gemessen werden (Abb. 5.3.1).

Die Streubreite der Strömungsgeschwindigkeiten beträgt ca. ±50%. Durch eine Variation der Blechdicke (10 mm - 15 mm), der Laserleistung (7,5 kW - 15 kW) und Vorschubgeschwindigkeit (0,7 m/min - 2,5 m/min) ergeben sich Abweichungen von maximal 10 % der genannten Strömungsgeschwindigkeit. Im Bereich der Nahtwurzel werden hingegen Strömungsgeschwindigkeiten von max. 75 m/s gemessen. Dies ist u.a. auf die geringere absorbierte Leistung im Bereich der Nahtwurzel zurückzuführen.

Abb. 5.3.2 zeigt die rechnerisch ermittelte Abströmgeschwindigkeit des Metalldampfes als Funktion der absorbierten Strahlungsintensität (siehe Kapitel 4.2)

Unter der Annahme, daß sich der Metalldampf im lokalen thermischen Gleichgewicht befindet und überwiegend nur einfach ionisiert ist, kann unter Verwendung der idealen Gasgleichung die Dichte ρ bestimmt werden. Sie ergibt sich bei Umgebungsdruck und einer Temperatur, welche der Plasmatemperatur von 7540°K ($\approx$ 0,65 eV) entspricht zu

$$\rho \approx 9 \cdot 10^{-2} \text{ kg/m}^3.$$

Mit der experimentell ermittelten Ausströmgeschwindigkeit von v_D = 200 m/s ergibt sich ein Massenstrom des Dampfes von ca.

$$\dot{m}_D = 2 \cdot 10^{-5} \, kg/s$$

bei einer Kapillaröffnung von 1 mm Durchmesser. Für die Größen v_s = 1 m/min, t_s = 10 mm, d_k = 1 mm, ρ_{Fe} = 7,8 g/cm³ beträgt der durch die Geometrie der Dampfkapillare angebotene Massenstrom

$$\dot{m}_{Kap} = 1,3 \cdot 10^{-3} \, kg/s$$

Dies bedeutet, daß maximal 1-2 % des Kapillarvolumens als Dampf aus der Kapillare herausströmen kann. Die selbe Größenordnung wurde in numerischer Simulation von Becker /5.3.2/ gefunden. Dabei wurde die Verdampfungsrate aus der Bedingung berechnet, daß der Rückstoßdruck des verdampfenden Materials die Schmelze um die Kapillare herumtreiben muß.

Unter der Annahme eines Massenstromes von $2 \cdot 10^{-5}$ kg/s einer Temperatur von 7540 K (0,65 eV) aus einer Kapillare von 1 mm Durchmesser, einer spez. Wärmekapazität von $6 \cdot 10^2$ J kg^{-1} K^{-1} und einer Verdampfungsenthalpie von $6 \cdot 10^6$ J kg^{-1} ergibt sich durch den ausströmenden Metalldampf ein Leistungsverlust von ca.

$$P_{VD} \approx 200 \, W.$$

Unter der Annahme das $2 \cdot 10^{17}$ Atome ionisiert sind, ergibt sich ein weiterer Verlust von ca.

$$P_{VD} \approx 500 \, W.$$

Bei einer Laserstrahlleistung von 10 kW bedeutet dies, daß etwa 2 - 10% der Leistung durch ausströmenden, teilweise ionisierten Metalldampf dem Schweißprozeß verloren gehen.

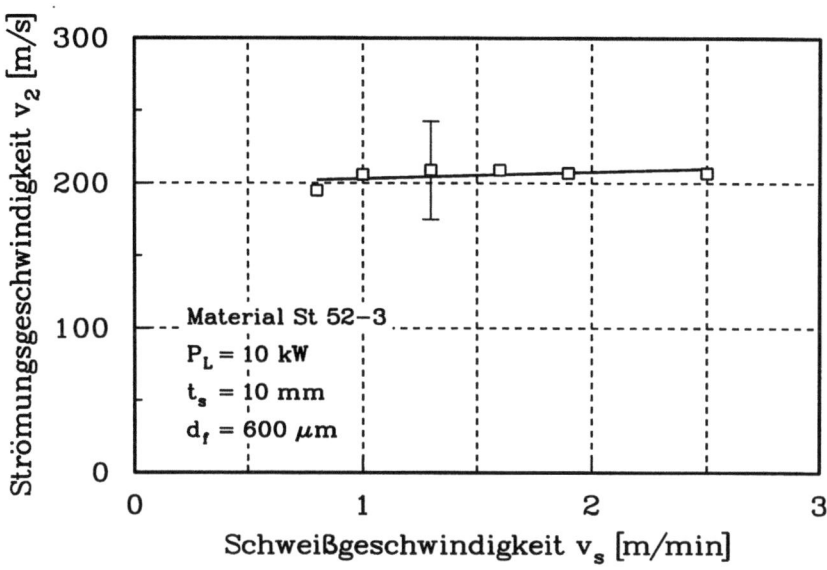

Abb. 5.3.1 Experimentell ermittelte Strömungsgeschwindigkeit senkrecht zur Materialoberfläche im Bereich der Kapillaröffnung. Die Streubreite der Messungen betrug etwa 50% /5.3.1/3.0.2/.

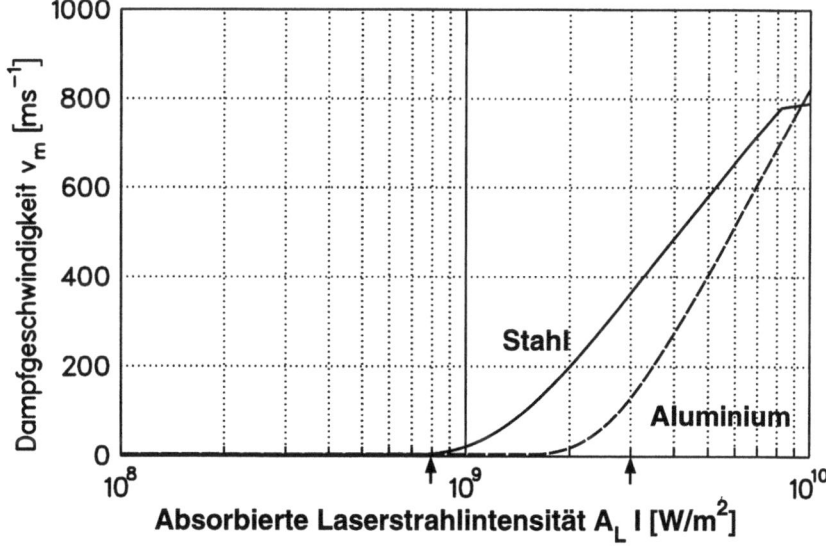

Abb. 5.3.2 Abströmgeschwindigkeit in Abhängigkeit der Strahlintensität. Die Pfeile kennzeichnen den im Rahmen der experimentellen Untersuchung erfaßten Intensitätsbereich.

6. Kapillargeometrie

Die Ermittlung der Breite, Länge und Neigung der Dampfkapillaren kann durch unterschiedliche Methoden erfolgen. Von Arata /6.0.1/ wurde eine Technik entwickelt, bei der während des Schweißvorganges mittels Röntgenaufnahmen die Schmelzzone und die Kapillare beobachtet werden können. Nachteile dieser Untersuchung sind:

- hoher apparativer Aufwand
- verfügbare Strahlleistung der Röntgenquelle beschränkt die Durchdringungstiefe
- die Untersuchungen ergeben keinen Aufschluß auf die Kapillarausdehnung senkrecht zur Vorschubrichtung

Die Modifikation einer ebenfalls von Arata verwandten Technik zur Untersuchung der Schmelzbadbewegung während des Schweißens /6.0.1/ eröffnet weitere Möglichkeiten. Hierbei werden Wolfram - Partikel (T_s = 3400° C) der Schmelze zugeführt, um diese wiederum mit der Durchstrahlungstechnik im Schmelzbad zu beobachten. Damit ist es möglich, auch die Schmelzbewegung sichtbar zu machen.

Eine andere Methode die Kapillargeometrie zu untersuchen liegt darin, hochschmelzende Kontrastwerkstoffe im Bereich der Kapillaren zu fixieren. Als Werkstoffe eignen sich :

        Molybdän   (T_s = 2617° C)
        Tantal   (T_s = 2996° C)
        Wolfram   (T_s = 3410° C)

Durch eine Fixierung des Kontrastwerkstoffes entsprechend Abbildung 6.0.1 erfolgt eine Aufschmelzung oder Verdampfung nur im Bereich der Dampfkapillaren. Im Querschliff kann dann aus der Verteilung des aufgeschmolzenen (fehlenden) Kontrastwerkstoffes auf die Geometrie der Kapillaren geschlossen werden (s. Abb. 6.0.1 und 6.0.2). Sowohl Molybdän als auch Tantal können Legierungen mit Eisen bilden, welche die Schmelztemperaturen reduzieren. Da bei Verwendung von Molybdän in Schliffbildern Spuren von Aufmischungen festgestellt werden können, ist dieser Kontraststoff nur eingeschränkt geeignet.

In Tabelle 6.0.1 ist ein Vergleich der Werkstoffdaten von St52-3, Wolfram und Tantal dargestellt.

Tabelle 6.0.1 Stoffwerte des Grundmaterials St 52-3 und Kontrastwerkstoffe Wolfram und Tantal (RT = Raumtemperatur 25° C) /3.3.5/

			St 52-3	Wolfram	Tantal
Dichte (RT)	ρ	kg/m^3	7860	19300	16600
Schmelztemperatur	T_s	°C	1536	3410	2996
Verdampfungstemperatur	T_v	°C	2860	5660	5425
Wärmeleitfähigkeit (RT)	K	W / (m K)	45	173	57.5
Wärmekapazität (RT)	c_p	J / (kg K)	715	133	140
Temperaturleitfähigkeit (RT)	κ	m^2 / s	$8.0 \cdot 10^{-6}$	$67.3 \cdot 10^{-6}$	$24.7 \cdot 10^{-6}$

Mittels Wolfram bestimmte Kapillarausdehnungen unterschreiten die durch Tantal ermittelten Werte mitunter um den Faktor 2, lassen die ausgeprägten Variationen in der Kapillarausbildung nicht erkennen und führen bei geringen Einschweißtiefen und hohen Vorschubgeschwindigkeiten ($v_s \geq 25$ m/min) zu unvermeidbarer Prozeßbeeinflussung. Zurückzuführen ist dies auf die im Vergleich zur Verdampfungtemperatur des Grundwerkstoffes T_{vSt} deutlich höhere Schmelztemperatur von Wolfram T_{sW}

$$\Delta T = (T_{sW} - T_{vSt}) = 400°C.$$

Die Schmelzisotherme von Tantal bietet sich mit Rücksicht auf die geringe Temperaturdiffenz zur Verdampfungsisotherme des Grundmaterials, die vergleichbare Wärmeleitfähigkeit K und die Übereinstimmung mit der videooptischen Vermessung der Kapillaröffnungen somit als gute Approximation der Kapillarbreite an.

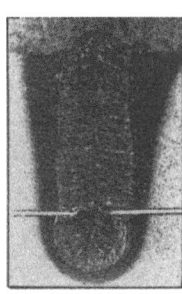
Tantal
0,05 mm

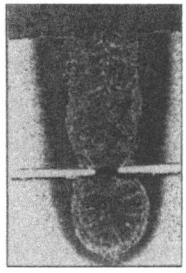
Wolfram
0,05 mm

Abb. 6.0.1 Schliffbilder mit 0,05 mm Tantal- bzw. Wolframfolien zur Bestimmung der Kapillarbreite /3.3.5/6.1.4/

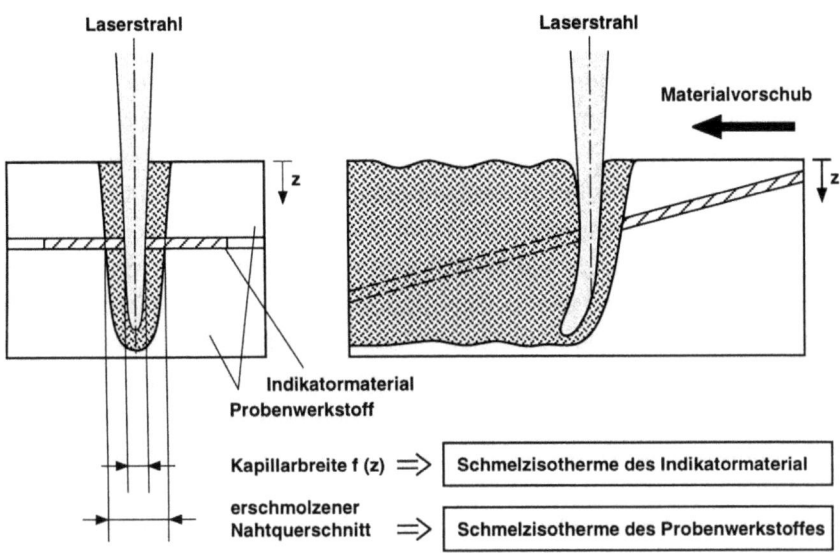

Abb. 6.0.2   Prinzipdarstellung zur Detektion der Kapillar- und Schmelzfilmbreite durch Einbringen eines Indikatormaterials /3.0.1/3.0.2/

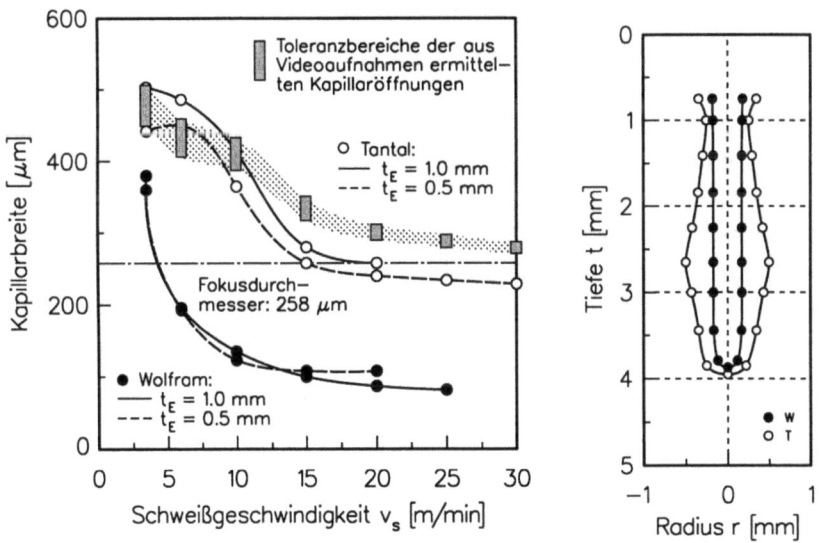

Abb. 6.0.3   Experimentell mittels Tantal und Wolfram bestimmte laterale Kapillarausdehnungen und durch Videoaufnahmen ermittelte Durchmesser der Kapillaröffnungen in Abhängigkeit von der Prozeßgeschwindigkeit. Mittels Tantal detektierte Kapillargeometrien weisen starke Veränderungen der Kapillarbreite in Abhängigkeit von der Tiefe t_E auf /3.3.5/6.1.4/.

6.1 Breite der Kapillare

In Abbildung 6.1.1 sind die Kapillar- und Schmelzbadbreiten für 3 Werkstoffe dargestellt. Aluminium hat gegenüber den beiden Stählen eine deutlich höhere Temperaturleitfähigkeit sowie eine deutlich niedrigere Schmelztemperatur bei vergleichbarer Verdampfungstemperatur. Das führt für Aluminium zu wesentlich breiteren Schmelzbädern im Vergleich zu den beiden Stählen. Darüber hinaus unterscheiden sich die Kapillarbreiten bei den einzelnen Werkstoffen. Während die beiden Stahlwerkstoffe durch nahezu parallele Kapillarflanken über die Materialdicke gekennzeichnet sind, verfügt der Aluminiumwerkstoff über einen deutlich größeren Flankenwinkel im Bereich der Materialoberseite. Die Kapillarflanken verjüngen die Kapillarbreite im Bereich der Nahtwurzel auf Werte von 0.1 - 0.2 mm. Eine mögliche Erklärung ist ein vergleichsweise dichtes Aluminiumplasma, welches die Kapillaröffnung im Bereich der Materialoberfläche zwar stark öffnet (Plasmadruck), aber ebenso die Laserstrahlung absorbiert und somit einen geringeren Leistungsanteil ins Werkstück eindringen läßt. Dieser Sachverhalt kann des weiteren dazu führen, daß Laserstrahlung aus dem Bereich der Kapillaröffnung nicht in die Kapillare sondern entgegen der Strahlausbreitungsrichtung reflektiert wird. Kalorimetrische Untersuchungen von Banas hinsichtlich der Leistungseinkopplung ergaben einen Wert von ca. 65 % bei Aluminium im Gegensatz zu Eisen von 90 % /6.1.1/.

Abbildung 6.1.2 zeigt den Einfluß der Fokuslage auf die mit Hilfe von Tantalstreifen ermittelte Kapillar- und Schmelzgeometrie. Bei einer Fokuslage über dem Werkstück ergibt sich eine nahezu parallele Kapillare. Die Einschweißtiefe ist geringer als wenn der Fokus im Werkstück liegt. Die vergleichsweise große Kapillaröffnung erleichtert ein Ausgasen aus dem Wurzelbereich und verringert somit die Porenbildung. Bei negativen Fokuslagen ist eine leichte Einschnürung der Kapillaren und der Schmelzzone zu erkennen.

In der Abbildung 6.1.3 sind Schmelz- und Kapillargeometrie für zwei Geschwindigkeiten und unterschiedliche Fokuslagen dargestellt. Zu erkennen ist, daß besonders bei höheren Schweißgeschwindigkeiten eine Fokuslage auf der Oberfläche, bzw. geringfügig im Werkstück für die Einschweißtiefe von Vorteil ist. Die Kapillarbreite ist vergleichsweise schlank und entspricht dem Fokusdurchmesser.

In Abbildung 6.1.4 ist der über die Meßtiefe (10 Meßpunkte) gemittelte Kapillardurchmesser in Abhängigkeit der Laserleistung und der Schweißgeschwindigkeit für eine Materialdicke von 10 mm dargestellt. Bei allen Schweißungen erstreckt sich die Kapillare über die gesamte Blechdicke.

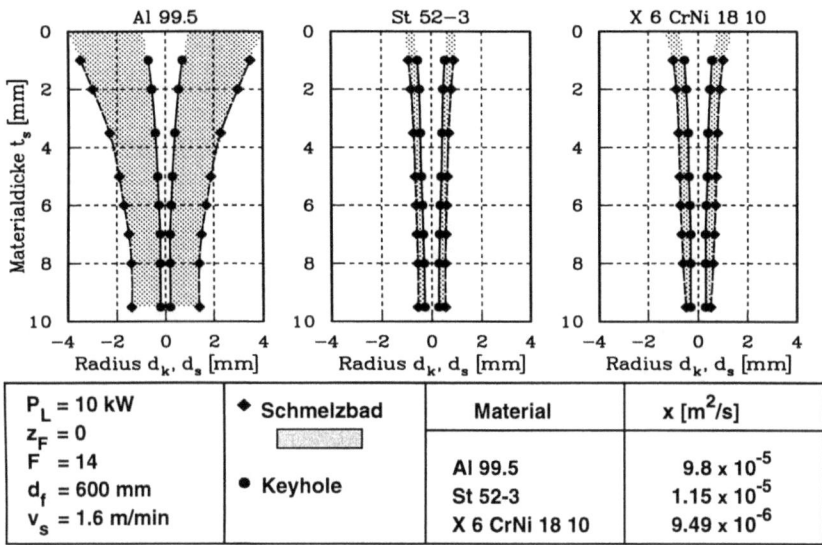

Abb. 6.1.1 Kapillar- und Schmelzbadbreiten für Werkstoffe mit unterschiedlicher Temperaturleitfähigkeit /3.0.1/3.0.2/.

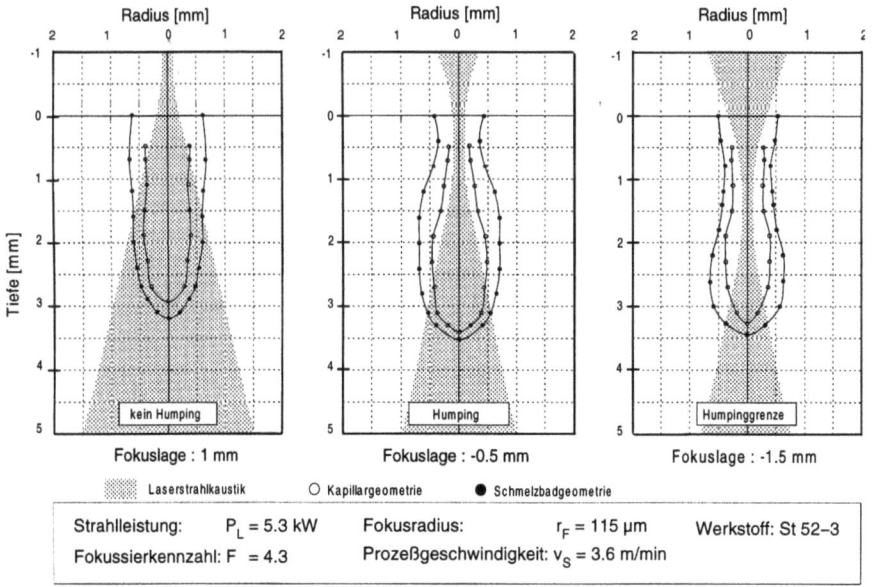

Abb. 6.1.2 Schmelzbad-, Kapillar- und Strahlgeometrie für verschiedene Fokuslagen bei Einschweißungen. Mit Veränderung der Fokuslage verändert sich die Kapillargeometrie /6.1.4/3.3.5/.

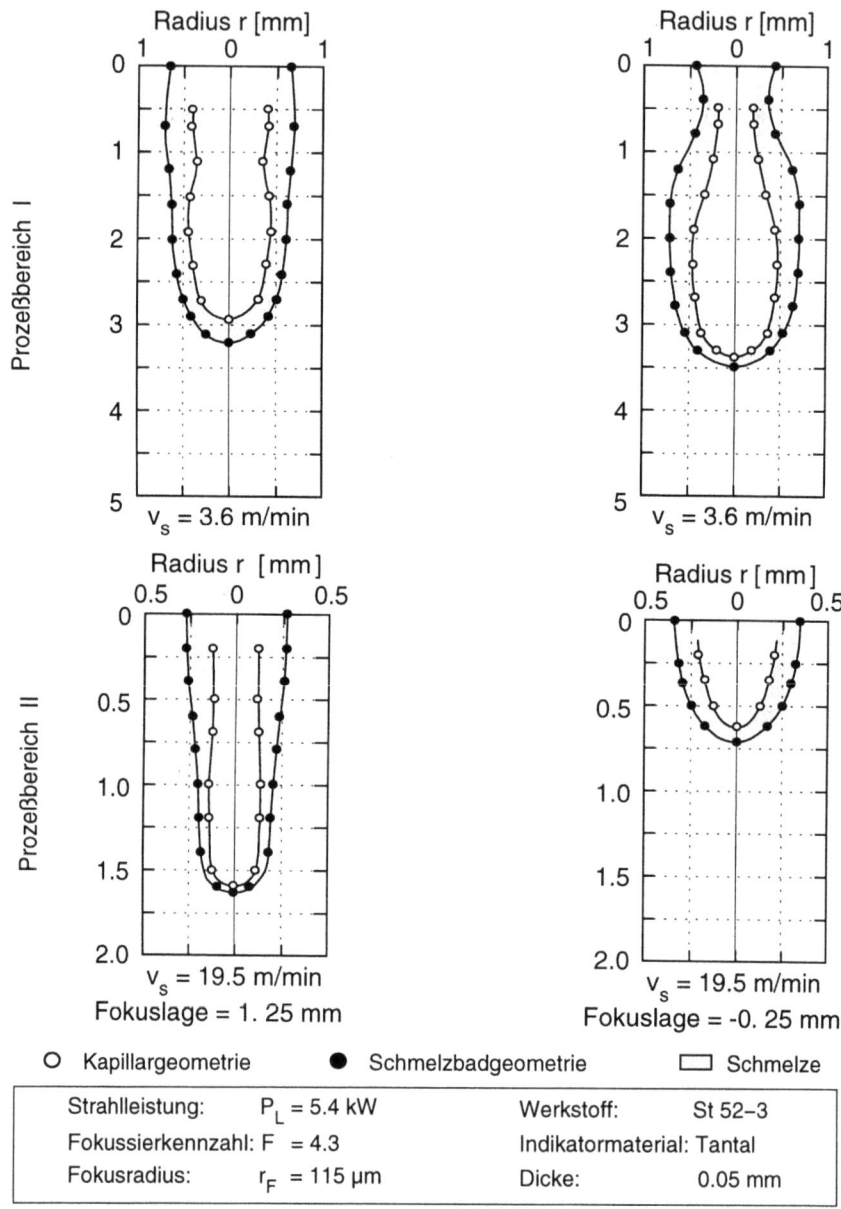

Abb. 6.1.3. Kapillar- und Schmelzbadquerschnitte für unterschiedliche Prozeßgeschwindigkeiten und Fokuslagen /3.3.5/.

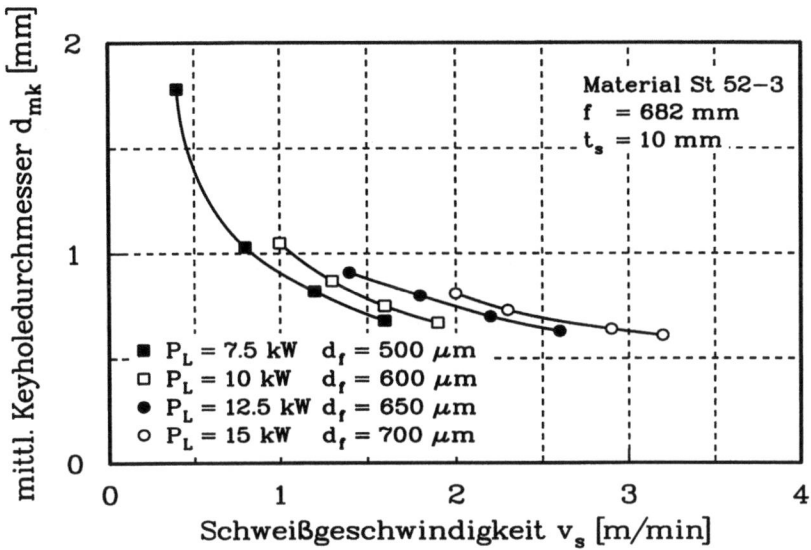

Abb. 6.1.4 Mittlere Kapillarbreiten in Abhängigkeit von der Schweißgeschwindigkeit und Laserleistung /3.0.1/3.0.2/.

Ausgehend von der Annahme, daß die Kapillare eine nahezu zylindrische Form annimmt, variieren die Kapillardurchmesser d_k zwischen 1.7 mm für geringe Schweißgeschwindigkeiten (v_s = 0.4 m/min, P_L = 7.5 kW) und 0.6 mm für eine Schweißgeschwindigkeit von v_s = 3.2 m/min (P_L = 15 kW).

Für geringe Vorschubgeschwindigkeiten übertrifft der Kapillardurchmesser den gemessenen Strahldurchmesser (86 % - Definition) um mehr als den zweifachen Betrag. Eine mögliche Erklärung sind die von verschiedenen Autoren beobachteten örtlichen Schwankungen der Kapillare /6.1.2/6.1.3/. Darüber hinaus ist nicht auszuschließen, daß aufgrund verstärkter Plasmabildung und überhitzter Schmelze bei kleinen Schweißgeschwindigkeiten die Tantalfolien auch dort abgeschmolzen werden, wo sich kein Laserstrahl befindet.

Auf der anderen Seite können durch numerische Simulationen Beziehungen zwischen Kapillardurchmesser und leichter meßbaren Größen wie absorbierter Laserleistung P_{abs}, Schmelzbadbreite b_m und der $t_{8/5}$-Zeit hergestellt werden /5.3.2/. Die Analyse der Werte von P_{abs}, b_m und $t_{8/5}$ bei kleinen Schweißgeschwindigkeiten ergibt ein ähnliches Verhalten des Kapillardurchmessers wie in Abb. 6.1.4 zu sehen.

6.2 Front der Kapillare

Der Neigungswinkel der Kapillarfront gegenüber der Strahlausbreitungsrichtung ist für die Absorption der Laserstrahlung von zentraler Bedeutung. Die Geometrie der Front kann mit der in Abbildung 6.0.1 beschriebenen Methode ermittelt werden. Hierzu ist während des Schweißprozesses der Laser auszuschalten und ein Längsschliff durch die Naht anzufertigen. Aus der Länge der über die Schmelzfront hinausragenden Tantalfolie kann auf die Schmelzfilmdicke und den Beginn der Kapillaren geschlossen werden.

Abbildung 6.2.1 zeigt für die Werkstoffe Al 99.5, St 52-3 und X 6 CrNi 18 10 die ermittelte Schmelzfront (strichpunktierte Linie) sowie die Kapillarfront (durchgezogene Linie). Für Aluminium ergeben sich deutlich dickere Schmelzfilme als für die beiden Stähle. Die Gründe hierfür sind die gleichen, die auch für die größere Schmelzbadbreite von Aluminium verantwortlich sind (s. Kapitel 6.1).

Zur Bestimmung des mittleren Schmelzfront- und Kapillarwinkels wurden die Werte im Bereich der Materialoberfläche sowie der Nahtwurzel herangezogen. Die Aussagekraft für den Werkstoff Aluminium wird geringfügig beeinträchtigt, da sich im betrachteten Geschwindigkeitsbereich jeweils zwei Frontbereiche unterschiedlicher Neigung ausbilden.

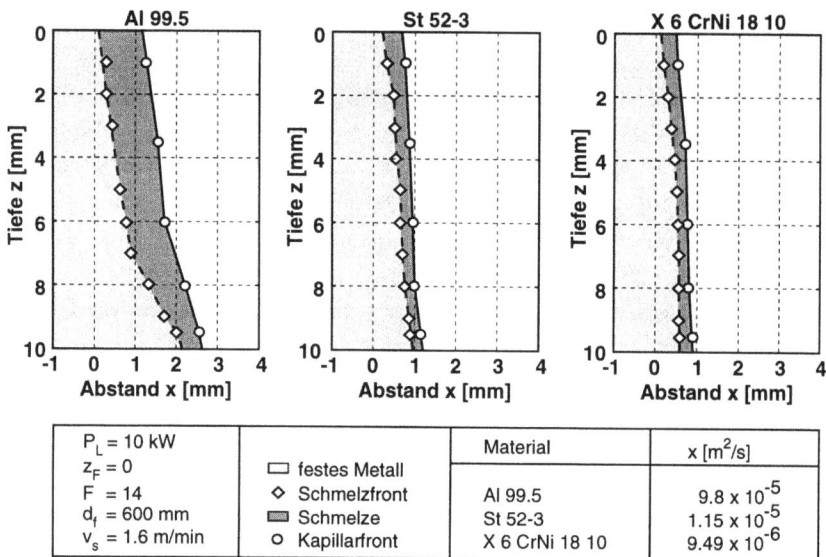

Abb. 6.2.1 Dargestellt ist die mit Tantalfolie ausgemessene Neigung der Kapillarfront und die aus Schliffbildern ermittelte Schmelzfilmdicke /3.0.1/3.0.2/

Im oberen Werkstückbereich ergibt sich ein steiler Kapillarfrontverlauf, während sich im Bereich der Nahtwurzel eine starke Neigung ergibt. Somit erreichen die für den Aluminiumbereich ermittelten Winkel jeweils den 2-3 fachen Wert der für St 52-3, bzw. X6 CrNi 18 10 gemessenen Werte.

Die Schmelzfilmdicke Δx kann durch Abschätzung der aufzubringenden Wärmeströme an der Kapillarfront berechnet werden. Das mit der Geschwindigkeit v_s auf die Front zuströmende Material erzeugt einen konvektiven Wärmestrom $q_k = \rho_s c_p (T_v - T_0) v_s$. Dieser muß durch den von außen aufgeprägten diffusiven Wärmestrom q_D kompensiert werden. Es gilt ungefähr

$q_D = K \frac{T_v - T_m}{\Delta x}$. Mit $q_K = q_D$ folgt dann:

$$\Delta x \approx \frac{K}{\rho_0 c_p} \frac{T_v - T_m}{T_v - T_0} \frac{1}{v_s}$$ (6.1.1)

Der deutliche Unterschied zwischen Aluminium und Stahl ist im wesentlichen durch die Temperaturleitfähigkeit $x = \frac{K}{\rho_0 c_p}$ begründet. Sie ist für Aluminium etwa 10 mal größer als für die beiden Stähle

Die Abnahme der Schmelzfilmdicke Δx im Bereich der Kapillarfront ist mit zunehmender Schweißgeschwindigkeit wiederum auf die Temperaturleitfähigkeit K zurückzuführen (vergleiche Kapitel 6.1). Dies ist auf die höheren aufzubringenden Wärmeströme Q_w zurückzuführen.

$$Q_w \approx \rho_0 c_p (T_v - T_0) V_s$$
$$Q_w \approx -K \frac{\partial T}{\partial x} = +K \frac{T_v - T_m}{\Delta x}$$

$$\Delta x \approx \frac{K}{\rho_0 c_p} \frac{T_v - T_m}{T_v - T_0} \frac{1}{v_s}$$ (6.1.1)

In Abbildung 6.2.2 ist die Neigung der Kapillarfront als Funktion der Geschwindigkeit für 10 kW Strahlleistung und 10 mm Blechdicke dargestellt. Die Zunahme der Schmelz- und Kapillarfrontneigungswinkel ist auf den mit zunehmender Vorschubgeschwindigkeit erhöhten Energiestrombedarf zurückzuführen. Bei einer Schweißgeschwindigkeit von 1 m/min wird aufgrund des geringen Neigungswinkels der Kapillarfront diese vollständig durch direkte Einstrahlung von einem Teil des Laserstrahles ausgeleuchtet. Der Anteil des Strahles, welcher nicht die Kapillarfront ausleuchtet, wird durch die Kapillare transmittiert. Mit zunehmender Schweißgeschwindigkeit erfolgt bis zum Übergang von einer Durchschweißung zu einer Einschweißung eine Ausleuchtung der Kapillarfront durch den gesamten Laserstrahl. Transmittierte Laserleistung kann bei einer Schweißgeschwindigkeit von $v_s \approx 2$ m/min bei den angegebenen Parametern nicht mehr beobachtet werden.

Abbildung 6.2.3 zeigt die Neigung der Kapillarfront für Strahlleistungen von 2.8 kW - 5.5 kW und Geschwindigkeiten $v_s \geq 10$ m/min. Wie in Abbildung 6.2.2 ist eine Zunahme der Neigung mit der Geschwindigkeit zu erkennen. Darüber hinaus wird deutlich, daß mit wachsender Strahlleistung die Neigung geringer wird und die überschüssige Leistung entweder an der Unterseite der Kapillare austritt oder die Einschweißtiefe erhöht.

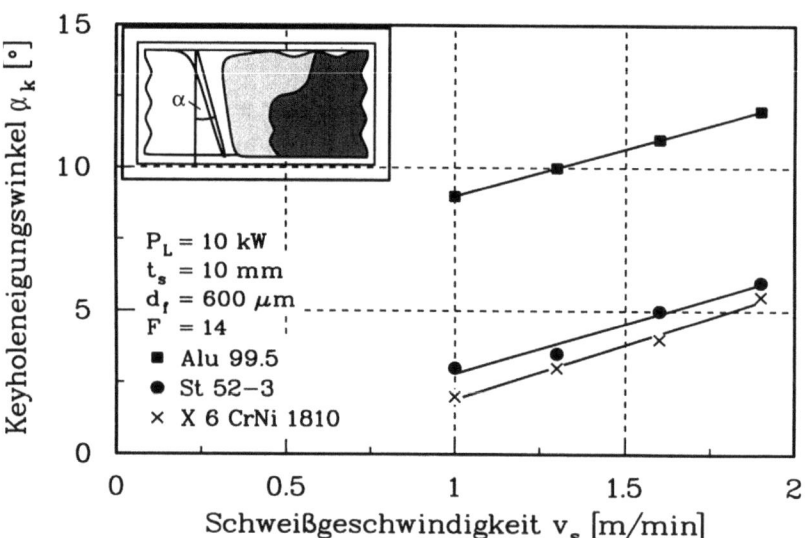

Abb. 6.2.2 Abhängigkeit der Neigung der Kapillarfront von Material und Schweißgeschwindigkeit /3.0.1/3.0.2/

Front der Kapillare

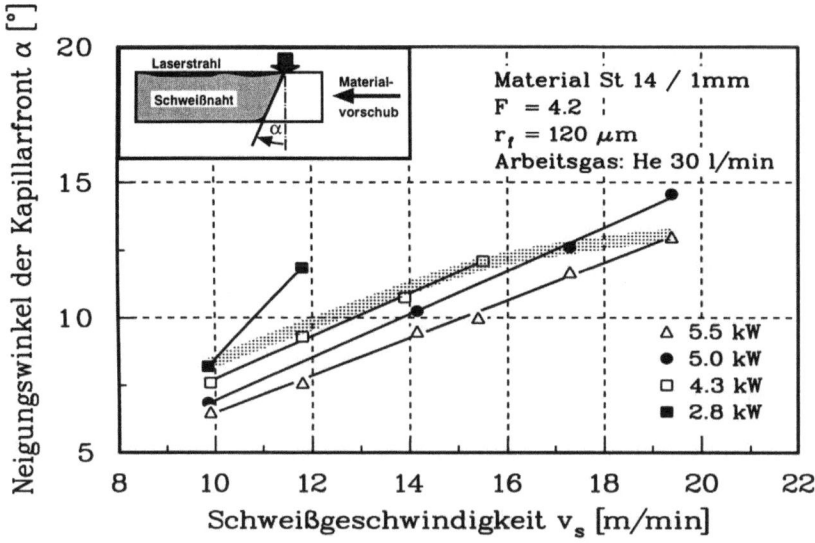

Abb. 6.2.3 Neigung der Kapillarfront als Funktion von Leistung und Geschwindigkeit
/3.0.1/3.0.2/

In Abbildung 6.2.4 sind zwei Kapillarfronten und Schmelzfilmdicken für $v_s = 10$ m/min und $v_s = 20$ m/min Schweißgeschwindigkeiten dargestellt. Während bei $v_s = 10$ m/min eine homogene gleichförmige Schmelzzone ausgebildet ist, ist dies bei $v_s = 20$ m/min nicht mehr der Fall. Schweißungen mit guter Nahtqualität sind durch eine gleichmäßige Neigung der Kapillarfront gekennzeichnet (Abbildung 6.2.4). Die Schmelzfilmdicken liegen für 1 mm Feinbleche und Geschwindigkeiten zwischen 10-14 m/min in der Größenordnung von 20-25 µm und weisen keine erkennbaren Variationen in Abhängigkeit von der gemessenen Tiefe auf. Bei höheren Geschwindigkeiten können sich "Humps" (Schmelztropen) an der Nahtoberseite ausbilden (siehe auch Kapitel 10). Für Humping behaftete Schweißungen ergeben sich über der Kapillartiefe gesehen Bereiche, die durch lokal veränderte Kapillarfrontneigungen und Schmelzfilmdicken gekennzeichnet sind (Abbildung 6.2.4):

- Im oberflächennahen Öffnungsbereich der Kapillare ergeben sich die größten Neigungswinkel der Kapillar- und Schmelzfront. Dies gilt besonders bei Fokuslagen nahe der Werkstückoberfläche. Mit zunehmender Schweißgeschwindigkeit tritt der Effekt verstärkt auf. Der Grund hierfür ist der zunehmende Abstand zwischen Strahl- und Kapillarachse (Abb. 3.3.2)

- In der darunter liegenden Zone, in der sich weniger stark in Vorschubrichtung geneigte Kapillarfronten ergeben, ist ein deutlicher Vorlauf der Schmelze gegenüber der Kapillarfront festzustellen. Daher werden hier größere Schmelzfilmdicken nachgewiesen.

- Im unteren Nahtbereich, der Kapillarwurzel, treten tendentiell wieder stärker in Vorschubrichtung geneigte Kapillarfronten auf. Die mit Steigerung der Prozeßgeschwindigkeit stärkeren Streuungen der Meßwerte lassen auf eine zeitlich weniger konstante (stationäre) Ausbildung der Kapillarfront schließen.

Die beim Auftreten des Humpingeffektes veränderte Kapillarfrontneigung und Schmelzfilmdicke lassen auf eine lokal unterschiedliche Strahlungsabsorption auf der Front schließen.

Bezüglich des Einflusses der Prozeßparameter auf die Kapillarfrontneigung ist festzustellen, daß sich mit Steigerung der Vorschubgeschwindigkeit v_s, bzw. mit Verringerung der Strahlleistung P_L die Neigung α der Front vergrößert. Die mittlere Neigung der Kapillarfront wird jedoch vornehmlich durch die Bearbeitungsgeschwindigkeit bestimmt. Die Strahlleistung hat einen geringeren Einfluß.

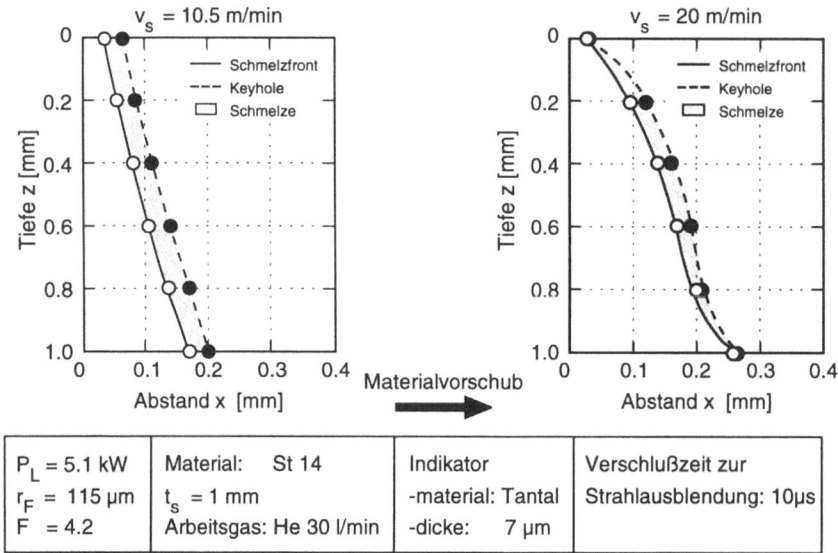

Abb. 6.2.4 Kapillarneigung und Dicke der Schmelzfront für zwei Schweißgeschwindigkeiten /3.3.5/6.1.4/

Unter der Annahme eines konstanten Druckes in der Kapillaren würde sich die Front der Kapillaren so einstellen, daß in jeder Tiefe gleiche Temperatur und gleiche Verdampfungsrate vorliegen. Die Kapillarfrontgeometrie kann in diesem Fall analog dem Laserstrahlschneiden /6.2.1/ aus der Energiebilanz unter Berücksichtigung der Laserstrahlverteilung berechnet werden, wobei sich die Tiefe aus den Prozeßparametern und die Form aus der Strahlverteilung ergibt. In Abbildung 6.2.5 ist die Kapillarfront für unterschiedliche Strahlverteilungen schematisch dargestellt. Für eine Gaußverteilung ergibt sich ein s-kurvenförmiger Verlauf mit der größten Steigung beim Intensitätsmaximum.

Voraussetzung für eine konstante Temperatur an der Kapillarfront ist, daß unter Vernachlässigung der Wärmeleitung in z-Richtung an jedem Punkt die gleiche Strahlungsintensität absorbiert wird. Dies bedeutet, daß die polarisationsabhängige Absorption mit der Intensitätsverteilung der Laserstrahlung und dem cos Θ des Einfallswinkels gefaltet werden muß. Der cos Θ beschreibt dabei die Zunahme des Streckenelementes mit größer werdendem Einfallswinkel, auf welches sich die einfallende Strahlleistung verteilt (Abb. 6.2.6).

$$A(\Theta,\lambda)\ I(x)\ \cos\Theta = \text{konstant} \qquad (6.2.1)$$

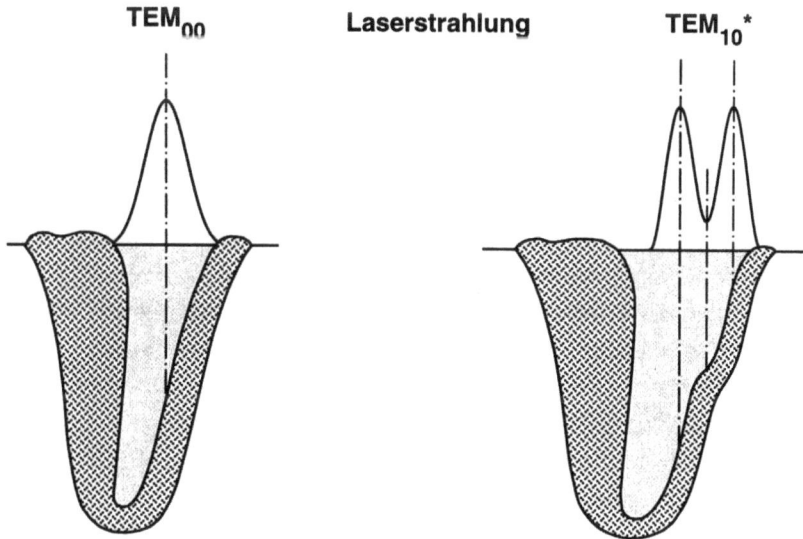

Abb. 6.2.5   Schematisch dargestellte Form der Kapillarfront für unterschiedliche Strahlverteilungen

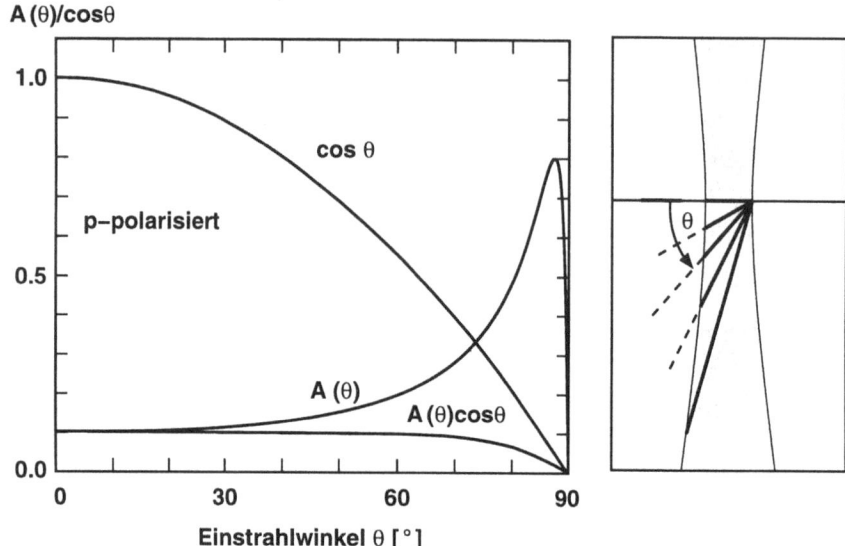

Abb. 6.2.6 Die pro Flächenelement auf die Kapillarfront auftreffende Strahlungsintensität nimmt mit dem Winkel Θ ab. Der absorbierte Anteil nimmt entsprechend der Polarisation zu. Die pro Flächenelement absorbierte Intensität ergibt sich aus dem Produkt A (Θ) · cos (Θ)

In Abbildung 6.2.6 ist das Produkt aus A(Θ) und cos Θ dargestellt. Für λ = 10.6 µm und zirkular polarisierte Laserstrahlung folgt eine monoton fallende Funktion. Bei p-polarisierter Laserstrahlung ergibt sich ein bis zu Winkeln von 60° nahezu konstanter Verlauf. Oberhalb von 60° erfolgt ein minimaler Anstieg mit späterem Abfall.

Unter der Annahme einer gleichförmigen Verdampfungsrate auf der Kapillarfront würde ein Plasma immer am Ort höchster Strahlungsintensität, also am Wendepunkt der Kapillarfront zünden, da die Plasmabildung und Plasmaabsorption direkt proportional dem Produkt aus Strahlungsintensität I_0 und Metalldampfdichte n_m ist (siehe Kapitel 4.3). Durch die Plasmabildung erfolgt eine erhöhte Absorption, eine Aufheizung des Metalldampfes und damit eine Erhöhung des Druckes auf die schmelzflüssige Zone der Kapillarfront, wodurch die Symmetrie der Kapillarfront gestört wird.

Jedoch auch ohne die Bildung eines laserinduzierten Plasmas stellen die in Abbildung 6.2.5 angegebenen Kapillarfronten labile Zustände dar. Für zirkularpolarisierte Laserstrahlung erfolgt die höchste lokale Absorption und damit verbunden die größte Verdampfungsrate bei senkrechtem Strahlungseinfall (Θ = 0 Grad). Dies bedeutet, daß sich bei der geringsten Störung der Oberflächenstruktur, welche z. B. durch eine nicht homogene Schmelzströmung hervorgerufen werden kann, eine Art Treppenfunktion auf der Kapillarfront einstellen möchte (siehe Abbildung 6.2.7). Der Rückstoßdruck des abströmenden Metalldampfes treibt dabei die Schmelze entlang der Kapillarfront von der Ober- zur Unterseite. Dieses Verhalten gilt nur für eine rechteckförmige (Tophead) Strahlverteilung. Damit sich eine gleichförmige Verdampfungsrate (Temperatur) auf der Oberfläche einstellen kann, muß die Intensitätsverteilung berücksichtigt werden (Gl. 6.2.1).

Der Dampfdruck sorgt für eine abwärtsgerichtete Schmelzströmung

In Abhängigkeit der verwendeten Strahlverteilung ergibt sich ein unterschiedliches Verhalten auf der Kapillaroberfläche, wobei entscheidend ist, ob die Größe dI/dx positiv oder negativ ist.

1. **dI/dx < 0** oberer Bereich der Kapillaren

    Verdampfung und Rückstoßdruck sind an der Stufenkante (Abb. 6.2.7) am größten. Die Stufe wird sich wie in Abb. 6.2.8 dargestellt abrunden und letztlich verschwinden.
    ==> bei dI/dx < 0 ist die Kapillarfront stabil.

2. **dI/dx > 0** unterer Bereich der Kapillaren

    Verdampfung und Rückstoßdruck sind an der Stufenkante am geringsten. Die Stufenbildung wird sich verstärken.

    ==> bei dI/dx > 0 ist die Kapillarfront instabil.

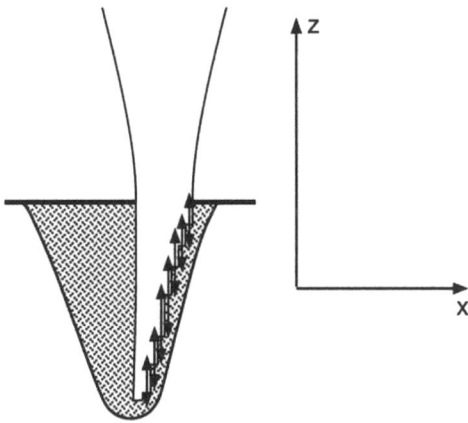

Abb 6.2.7   Stufenförmige Kapillarfront

Bei Moden höherer Ordnung, asymmetrischen oder zeitlich instabilen Strahlverteilungen ergeben sich lokal unterschiedliche Absorptionen und Drücke auf die Kapillaroberfläche. Durch die hieraus resultierende inhomogene Schmelzströmung um die Kapillare ist die Einstellung einer stabilen Kapillarfront nicht möglich. Dies führt zwangsweise zu Kapillarfluktuationen. Auch das gelegentlich auftretende "Spiken" im Bereich der Nahtwurzel kann hierdurch qualitativ erklärt werden.

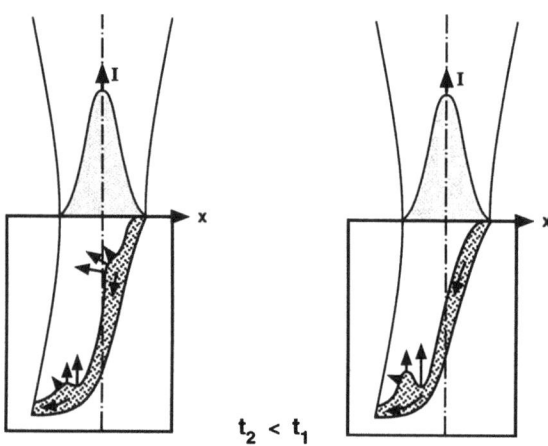

Abb 6.2.8 Deformation der Kapillarfront Im Bereich wo **dI/dx < 0** ist, bildet sich die Deformation zurück (oberer Bereich). Ist **dI/dx > 0** (unterer Bereich) verstärkt sich die Deformation.

7. Kapillarschwingungen

Als Indikator für Änderungen der Kapillargeometrie können Plasma-, bzw. Dampfdichtefluktuationen herangezogen werden. Diese werden durch Druckänderungen hervorgerufen, welche wiederum eine Änderung der Kapillargeometrie zur Folge haben.

7.1 Streakaufnahmen des Plasma

Zeitaufgelöste Untersuchungen der Strahlungsemmision des laserinduzierten Plasma und des Metalldampfes an der Werkstückoberseite zeigen Fluktuationen bis in den 20kHz Bereich. In Abbildung 7.1.1 ist eine charakteristische Streakaufnahme des beim Schweißen mit CO_2-Laserstrahlung entstehenden Plasmas dargestellt. Zu erkennen sind hochfrequente periodische Fluktuationen (f > 10kHz). Die Intensität der einzelnen Plasmapeaks verändert sich in Abbildung 7.1.1 nahezu periodisch mit einer Frequenz von einigen hundert Hertz (ca. 500 Hz). Zwischen den einzelnen Peaks ist zeitweise kein Plasma zu erkennen. Zeitaufgelöste Messungen der Laserstrahlleistung zeigen, daß die Plasmafluktuation auch bei nahezu konstanten Strahlleistungen auftreten. Änderungen der Laserstrahlleistung hingegen folgt die Leuchterscheinung des Plasmas bis in den μs-Bereich.

Grundsätzlich kann beobachtet werden, daß bei kleineren Schweißgeschwindigkeiten und höheren Laserstrahlintensitäten eine stärkere Plasmaformation auftritt. Die Fluktuation der Leuchterscheinung ist hierbei einem kontinuierlichen Untergrund überlagert, so daß das Plasma seltener vollständig erlischt (Abbildung 7.1.2).

In Abbildung 7.1.2 sind zwei Streakaufnahmen dargestellt, welche dieses Verhalten zeigen. Bei den in Abbildung 7.1.2b verwendeten Schweißparametern wurde nahe der Schwelle zur Plasmabildung gearbeitet. Zu erkennen ist ein häufiges vollständiges Verschwinden der Leuchterscheinung. Für das Auftreten und die Ausbildung eines laserinduzierten Plasmas ist die Laserstrahlintensität und die lokale Verdampfungsdichte von Bedeutung (siehe Kapitel 4.3). Da die Fluktuationen auch bei konstanter Intensität auftreten, muß die Ursache in einer Veränderung der Metalldampfdichte, bzw. der Verdampfungsrate liegen.

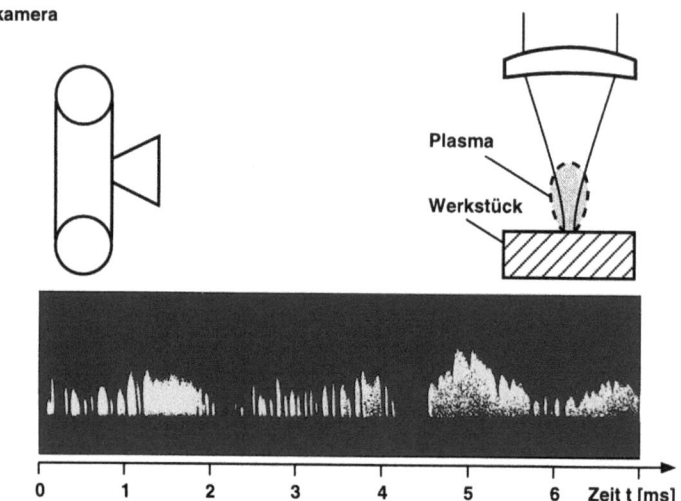

Abb. 7.1.1. Dargestellt ist die Streakaufnahme des laserinduzierten Plasmas während einer Schweißung an St52-3 mit konstanter Laserstrahlleistung. Zu erkennen sind Fluktuationen im 10-20 kHz Bereich sowie eine Modulation der Leuchtdichte im 500 Hz Bereich /7.1.1/.

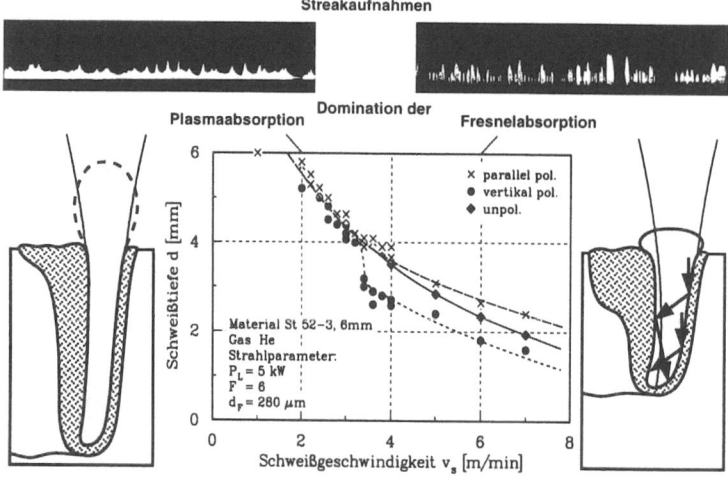

Abb 7.1.2 Dargestellt sind die Streakaufnahmen mit den Fluktuationen von zwei charakteristischen Laserplasmen: ein stark ausgeprägtes Plasma mit konstantem Untergrund für kleinere Schweißgeschwindigkeiten (vs = 2 m/min) und ein stärker fluktuierendes Plasma für höhere Geschwindigkeiten (v_s = 6 m/min) /7.1.2/.

7.2 Schallemission und Druckschwankungen

Abbildung 7.2.1 zeigt die Strahlungsemission und die Schallemission während des Schweißprozesses. Das Photodiodensignal zeigt die Plasmafluktuationen, der Untergrund rührt von der Wärmestrahlung der Schmelze her. Jedem Peak im Photodiodensignal läßt sich ein entsprechender Dip im Mikrofonsignal zuordnen. Der Anstieg eines Peaks im Photodiodensignal ist ein Maß für die zeitliche Änderung der Strahlungsemission des Plasmas. Die Steilheit hängt von der zeitlichen Änderung der Massenflußrate aus der Kapillaren ab. Die Schallemission wird durch Änderung der Massenflußrate hervorgerufen. Aufgrund der Differenz zwischen Lichtgeschwindigkeit und Schallgeschwindigkeit ist das akustische Signal zeitlich gegenüber dem Diodensignal verzögert (Abbildung 7.2.2). In Abbildung 7.2.1 wird deutlich, daß große Druckänderungen nur zu messen sind, wenn sich die Massenflußrate in kurzer Zeit verändert. Die überwiegende Zeit ist der Druck um mindestens einen Faktor 10 kleiner als zur Zeit des Druckmaximums.

Diese Phänomene lassen sich mit dem Modell der Düsenströmung erklären. Für unterkritisches Ausströmen ist der Druck p_a am Ausgang der Düse gleich dem Umgebungsdruck p_u (Abbildung 7.2.3).

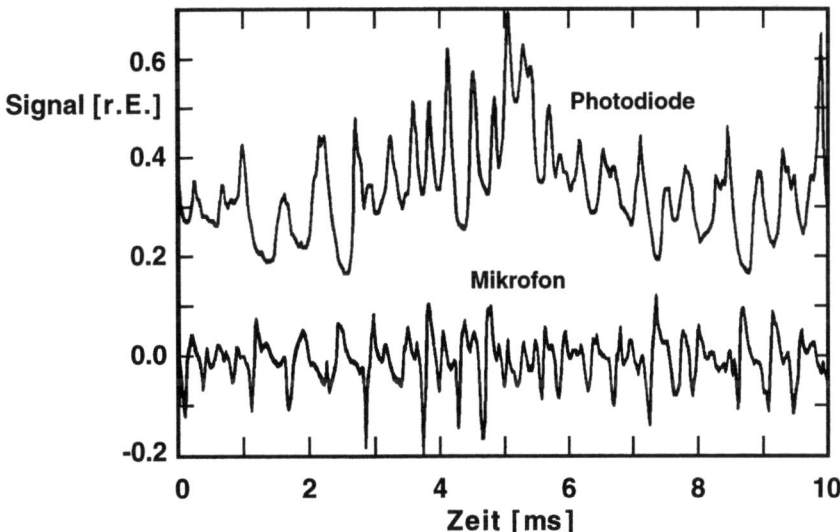

Abb. 7.2.1   Jede Änderung der Strahlungsemission (Photodiodensignal) korreliert mit einer Druckänderung in der Umgebung der Kapillare (Mikrofonsignal) /7.1.3/.

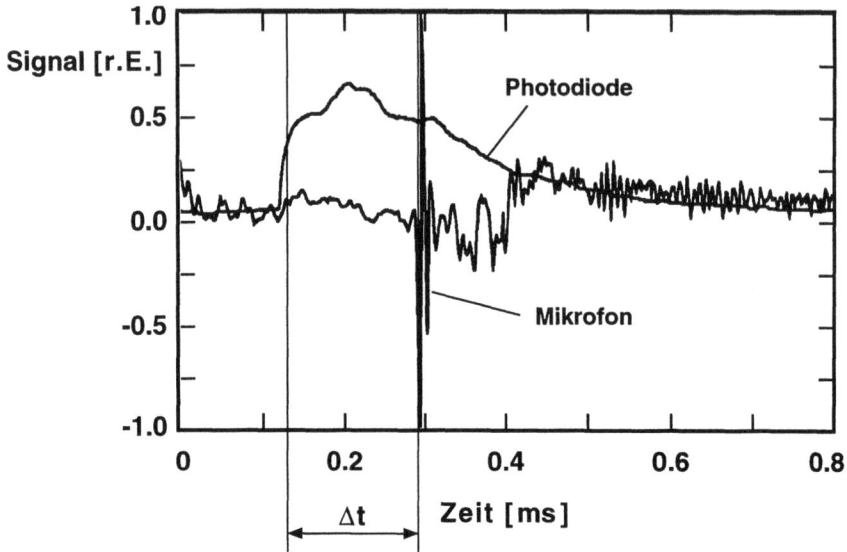

Abb. 7.2.2   Aufgrund der Differenz zwischen Lichtgeschwindigkeit und Schallgeschwindigkeit ist das Mikrofonsignal zeitlich gegenüber dem Diodensignal verzögert. ΔT von 0,17 ms ergibt sich aus dem Abstand des Mikrofons vom Wechselwirkungspunkt (hier ca. 60 mm) /7.1.3/.

Das ausströmende Gas erzeugt keine Druckänderungen in der Umgebung. Erreicht der Innendruck einen Wert von ungefähr $1.8 \cdot 10^5$ N/m^2 strömt das Gas überkritisch aus /7.2.1/. Ab diesem Wert bleibt das Verhältnis von Innendruck p_i zu Austrittsdruck p_a konstant.

$$p_i / p_a = \text{konstant für } p_i \geq 1{,}8 \cdot 10^5 \text{ N/m}^2 \tag{7.2.1}$$

Steigt der Innendruck, so steigt entsprechend auch der Austrittsdruck. Dieser ist nun höher als der Umgebungsdruck. Das ausströmende Gas expandiert außerhalb der Kapillare und erzeugt eine Druckerhöhung in der Umgebung. Die Expansion kann zu einem Unterdruck im Strahlzentrum führen, so daß das Gas wieder komprimiert wird. In der Umgebung breitet sich eine Verdünnungswelle aus. Die Druckänderungen in der Umgebung steigen mit höherem Druck in der Kapillaren. Mit Erhöhung des Innendrucks erhöht sich auch der Massenfluß aus der Kapillare. Somit spiegeln sowohl die Plasmafluktuationen als auch die Schallemission die Änderung des Druckes in der Kapillare wieder. Die Druckmaxima erreichen Werte von mindestens $1{,}8 \cdot 10^5$ N/m^2. Dieser kurzzeitige Druckanstieg wirkt wie ein Kraftstoß und vergrößert das Kapillarvolumen, wobei Schmelze in Richtung erstarrender Naht gepreßt wird.

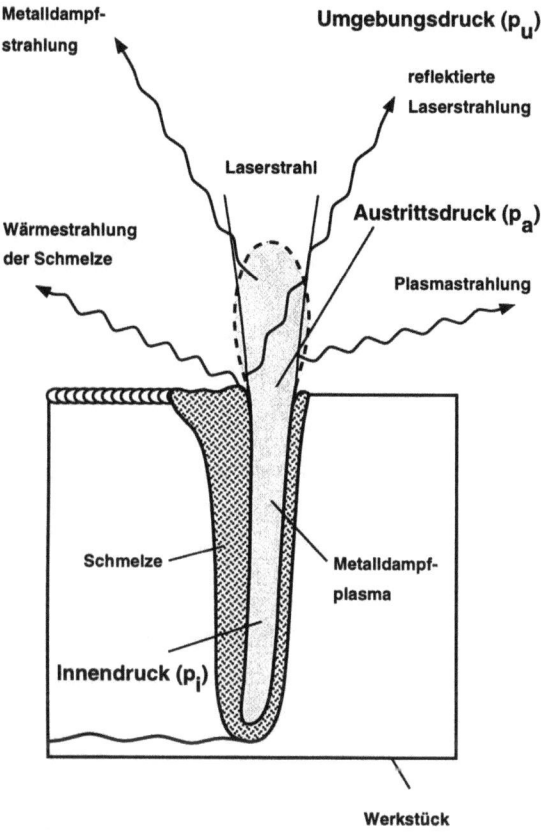

Abb.7.2.3 Schematische Darstellung der Kapillare und der auftretenden Sekundärstrahlung beim Laserstrahlschweißen.

Das Druckmaxima besteht nur für kurze Zeit in der Kapillare. Aus Abbildung 7.2.2 ergibt sich z.B. eine Zeit von ca. 20 µs, während der Druck für die übrige dargestellte Zeit von ca. 780 µs nur einen Bruchteil dieses Wertes annimmt. Bei einer Strömungsgeschwindigkeit von ca. 200 m/s (siehe Abb. 5.3.1) kann der Dampf in 20 µs eine 4 mm tiefe Kapillare verlassen, wodurch sich der Druck wieder abbaut. Der Druck kann nach dem Ausströmen des Dampfes soweit sinken, daß Prozeßgas in die Kapillare eindringt. Die träge Schmelze kann sich in der Zeit von 20 µs auf Grund des Kraftstoßes nur im 0,1 mm Bereich bewegen.

7.3 Ursache für Kapillarschwingungen

Wie zuvor diskutiert, sind die Druckänderungen eine Folge der Variation der Metalldampfdichte. Die Ursache für die Variation der Metalldampfdichte wird durch die folgende Modellvorstellung beschrieben:

- Die maximale Schweißtiefe wird entsprechend der Prozeßparametern durch die Energiebilanz über die Wärmeleitung vorgegeben. Hieraus ergibt sich eine mittlere Neigung der Kapillarfront. Diese stellt sich entsprechend Kapitel 6.2 (Abbildung 6.2.6) ein.

- Aus der Neigung der Kapillarfront, der eingestrahlten Intensität und der winkelabhängigen Absorption entsprechend Kapitel 3.2 (Abbildung 3.2.1 und 6.2.6) ergibt sich die absorbierte Intensität auf der Front.

- Diese Strahlungsintensität ist aufgrund der Randbedingungen immer größer als eine kritische Intensität, die für das Erreichen von Verdampfungstemperatur erforderlich ist (siehe Kapitel 4.2 Abbildung 4.2.4).

- Der Laserstrahl bewirkt somit einen Bohrprozeß in Richtung der Vorschubbewegung. Die Bohrgeschwindigkeit ist in Kapitel 5.2 (Abbildung 5.2.1) beschrieben. Die entstehende Metalldampfdichte und der -druck sind in Kapitel 4.2 dargelegt.

- Der entstehende Dampfdruck in der Kapillare ist deutlich größer als die Summe der in Kapitel 5.1 aufgeführten Drücke, welche dem Dampfdruck entgegen wirken (siehe auch Kapitel 7.2).

- Im Metalldampf bildet sich ein laserinduziertes Plasma aus, dessen Temperatur in der Größenordnung von 0,6 eV - 0,8 eV liegt (siehe Kapitel 4.3). Im thermischen Gleichgewicht entspricht dies einer Dampftemperatur von 6700K - 8900K. Durch die Plasmabildung wird somit der Druck und die Verdampfungsrate weiter erhöht.

Die Druckänderung in der Kapillaren wirkt auf das Schmelzbad zurück:

- Der erhöhte Druck verändert die Kapillargeometrie. Schmelze wird an der Ober- bzw. Unterseite der Schweißnaht herausgedrückt. Insbesondere die überhitzte Schmelze mit geringer Viskosität der Kapillaroberfläche an der Front wird beschleunigt und herausgedrückt.

- An der Kapillarfront tritt ein verstärkter Energietransport durch Konvektion (Schmelzbewegung) auf.

- Durch die Vergrößerung der Kapillargeometrie verringert sich der Druck.
- Die Temperatur der Kapillarfront verringert sich. Damit verringert sich auch die Verdampfungsrate ($n_m \to 0$).
- Das Plasma kann vollständig erlöschen.
- Der Druck nimmt weiter ab. Es kann sogar ein Unterdruck entstehen durch den Schutzgas in die Kapillare strömt.
- Die absorbierte Strahlungsintensität muß die Kapillarfront erneut auf Verdampfungstemperatur aufheizen.

Ergebnis: Ursache der Kapillarschwingungen sind Druckschwankungen, welche durch eine Modulation der Verdampfungsrate hervorgerufen werden. Diese werden durch die Plasmabildung und -heizung unterstützt.

Darstellung der Entstehung von Kapillarschwingungen:

Energiebilanz (Wärmeleitung)

→ max. Kapillartiefe
  → Neigung der Kapillarfront
    → Intensität auf der Front
      → Verdampfungsrate
        → Plasmabildung
          → erhöhter Druck in der Kapillaren

Dampfdruck >> Kapillardruck

→ Schmelzbewegung, Austrieb
  → Druckverringerung, Abkühlung der Front
    → Verringerung der Verdampfungsrate
      → Plasma erlischt
        → Druckverringerung
          → erneutes Aufheizen der Front etc.

Ergebnis: Kapillarschwingungen durch Druckmodulation

  Kein stabiles Gleichgewicht

7.4 Kapillarschwingungen für Ein- und Durchschweißungen

Da bei konstanter Laserstrahlintensität Druckschwankungen in der Kapillare mit der Intensität des laserinduzierten Plasmas korrelieren, werden im folgenden die Plasmafluktuationen als Indikator für Kapillarschwingungen betrachtet. In Abbildung 7.4.1 ist schematisch eine Einschweißung sowie das aufgenommene Plasmaleuchten an der Oberseite und die emittierte Temperaturstrahlung an der Nahtunterseite dargestellt. Die ermittelten Schwankungen korrelieren. Mit der Ausbildung des Plasmas in der Kapillare und der Erhöhung des Druckes wird u.a. überhitzte Schmelze von der Front zur Wurzel, bzw. an die Rückseite transportiert. Hierdurch ist ein Temperaturanstieg an der Unterseite zu erklären.

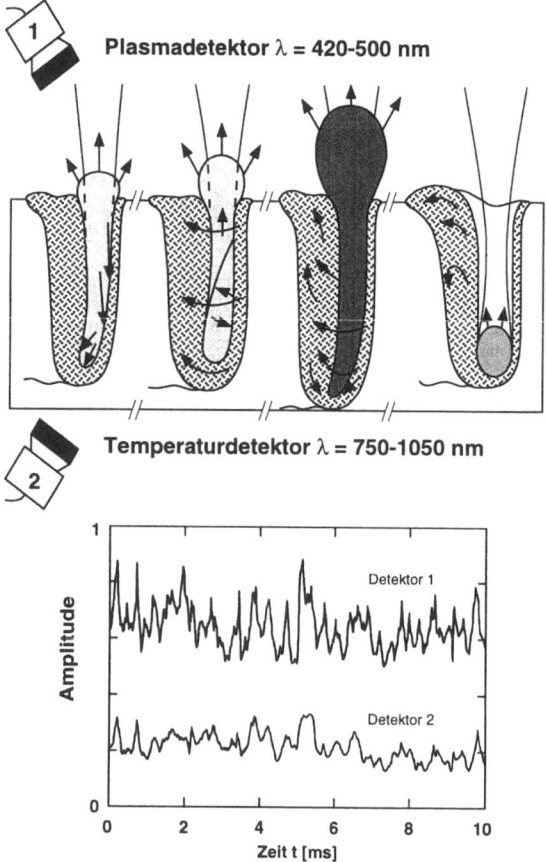

Abb. 7.4.1   Schematische Darstellung und Signale der Plasma- und Temperaturschwankungen bei einer Einschweißung. Die Plasmasignale an der Oberseite fluktuieren gleichphasig mit den Temperatursignalen an der Unterseite.

In Abbildung 7.4.2 ist der Vorgang beim Durchschweißen dargestellt. Die Plasmasignale von der Nahtober- und Nahtunterseite zeigen ein gegenphasiges Verhalten. In der Schemadarstellung (Abbildung 7.4.2) ist angenommen, daß das Plasma im Nahtwurzelbereich, also am Ort höchster Dampfdichte zündet. Hierbei wird vorausgesetzt, daß zuvor die überhitzte Schmelze von der Front weggedrückt wurde und die Dampfkapillare größer und breiter als der Laserstrahl ist. Dies hat zur Folge, daß ein erhöhter Strahlungsanteil auf den unteren Teil der Kapillarwand auftrifft. Hierdurch wird der Druck erhöht, die Schmelze aus der Wurzel herausgedrückt und das Plasma an der Unterseite sichtbar gemacht.

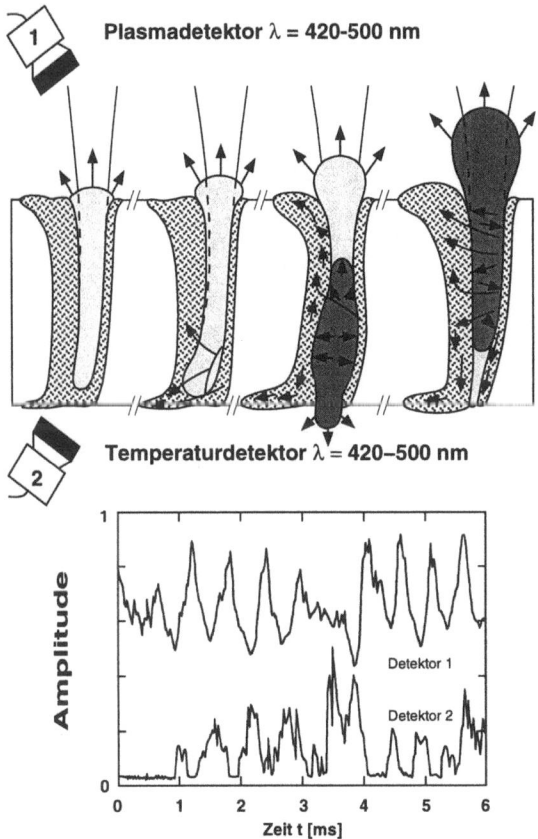

Abb. 7.4.2 Schematische Darstellung und der Plasmasignale an Ober- und Unterseite im Falle einer Durchschweißung. Die Signale fluktuieren gegenphasig.

Das Plasma breitet sich grundsätzlich in Richtung des einfallenden Laserstrahles aus, da es von diesem aufgeheizt wird. Die Laserintensität nimmt aufgrund der Plasmaabsorption zur Unterseite hin ab. Durch die erhöhte Energieeinkopplung und den damit verbundenen Druck an der Nahtoberseite (erhöhter Druck) wird Schmelze von der oberen Hälfte der Kapillare zur unteren transportiert. Diese kann die Kapillare verschließen bis der Prozeß von neuem startet.

8. Kapillarabsorption

Die Absorptionsvorgänge in der Dampf- bzw. Plasmakapillaren können zur Zeit quantitativ nur näherungsweise beschrieben werden. Ursache hierfür sind nicht zuletzt die in Kapitel 7 erläuterten dynamischen Vorgänge beim Schweißen. In der Literatur werden die Absorptionsmechanismen wie Mehrfachreflexion und Plasmaabsorption separiert und für den stationären Fall behandelt. Dadurch ist ein tieferes Verständnis der Absorptionsvorgänge und der Auswirkungen auf die dynamischen Prozesse möglich. Eine selbstkonsistente Beschreibung der Kapillaren unter Berücksichtigung von Absorption und Wärmeleitung in das Werkstück existiert derzeit nur in Ansätzen. Eine selbstkonsistente Beschreibung der dynamischen Prozesse liegt noch nicht vor.

8.1 Mehrfachreflexion in der Kapillare

In der Startphase der Ausbildung des Tiefschweißeffekts kann der Absorptionsgrad der Strahlung, wie in Kapitel 3.1 und 3.2 erläutert, mit Hilfe des Fresnel-Formalismus beschrieben werden. Nach Ausbildung einer Dampfkapillaren trifft die Laserstrahlung nicht mehr senkrecht auf den Festkörper auf sondern unter einem durch die Neigung der Kapillaren bestimmten Winkel (Abb. 6.2.6). Der Auftreffwinkel ist schematisch in Abbildung 3.2.1 dargestellt. Fällt die Laserstrahlung unter einem Winkel Θ auf eine Metalloberfläche, so ist der Absorptionsgrad abhängig von der Polarisationsrichtung der Laserstrahlung. Der Fresnel-Formalismus, der diese Abhängigkeiten beschreibt, ist in dem Kapitel 3.2, Gleichung 3.2.1 - 3.2.7 und Abbildung 3.2.1 dargestellt.

Bei vorgegebener Kapillargeometrie kann die Absoprtionsverteilung an der Kapillarwand berechnet werden. Der Formalismus hierfür ist analog dem beim Laserstrahlschneiden Petring/8.1.1/. Allerdings tritt beim Laserstrahlschweißen die Laserstrahlung nicht nur einmal, sondern gegebenenfalls mehrere Male auf die Kapillarwand auf.

Die Absorptionsverteilung I_{abs} (z,β) auf der Kapillarfront hängt neben den optischen Eigenschaften des Werkstückes und der Geometrie der Kapillaren von den Strahlparametern wie der Strahlverteilung (Mode), der Strahlungsdivergenz, der Fokuspunktlage und der Polarisationsrichtung ab.

$$I_{abs}(z,\beta) = \cos\psi \cdot A(n,\alpha,\psi) \cdot I(z,\beta) \qquad (8.1.1)$$

z : Koordinate in Kapillarrichtung (Tiefe)
β : Kreiswinkel senkrecht zu z
ψ : Einfallswinkel der Strahlung
A : Absorptionsgrad
n : Brechungsindex (Gl. 2.1.4)
α : Absorptionskoeffizient (Gl. 2.1.3)
I: Intensität der einfallenden Strahlung

Die absorbierte Strahlleistung $A_L P_L$ folgt aus der Integration:

$$A_L P_L = \int_0^d \int_{-\pi/2}^{+\pi/2} A(z,\beta) \, r(\beta, z) \, d\beta \, dz \qquad (8.1.2)$$

r: Kapillarradius

In den Abbildungen 8.1.1 und 8.1.2 sind vom Zylindermantel in die Ebene abgewickelte Absorptionsverteilungen bei einmaligem Auftreffen der Strahlung für zwei Moden und unterschiedliche Polarisationsrichtungen dargestellt. Es zeigt sich, daß im Fall der p-Polarisation die Strahlverteilung in der Absorptionsverteilung wieder zu erkennen ist. Im Fall der s-Polarisation ist das nicht so. Der Gesamtabsorptionsgrad ist für p-Polarisation ist deutlich höher als für s-Polarisation.

Die Rechnungen zeigen, daß auf diese Weise maximal 50 % der einfallenden Strahlung absorbiert werden können. Der Rest müßte somit reflektiert werden. Hieraus abgeleitet ergibt sich die Modellvorstellung der Mehrfachreflexion in der Dampfkapillaren.

In Abbildung 8.1.3 sind für zwei gegebene Kapillargeometrien die Absorptionsverteilungen unter Berücksichtigung der Mehrfachreflexionen dargestellt. Bei diesen Kapillargeometrien tritt nach dem ersten Auftreffen der Laserstrahlung auf der Front noch eine zweite Absorption auf. Dadurch wird der Gesamtabsorptionsgrad in beiden Fällen von ca. 50 % auf ca. 80 % er

Mehrfachreflexion in der Kapillare

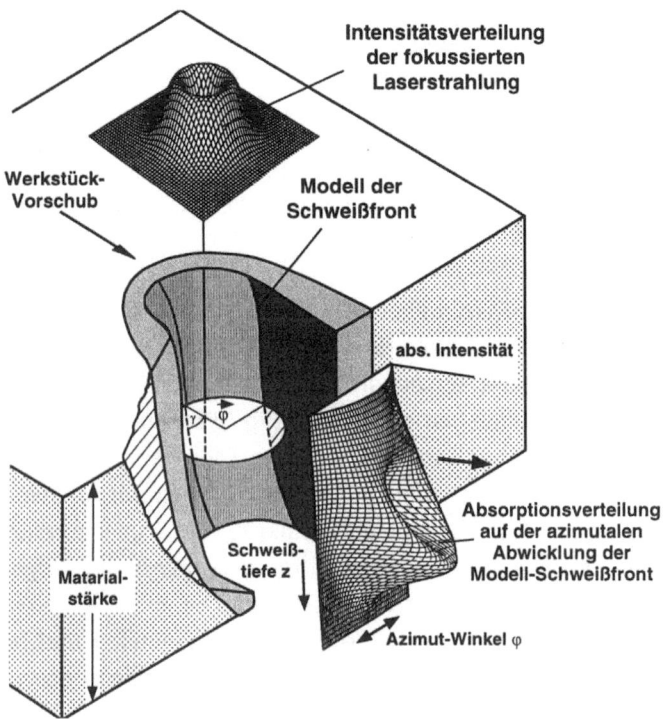

Abb. 8.1.1 Prinzipskizze einer zylinderförmigen Kapillarfront und berechnete Absorptionsverteilung auf einer zylinderförmigen Kapillarfront für einen TEM_{00}-Mode im Falle unterschiedlicher Polarisationsrichtungen /8.1.6/

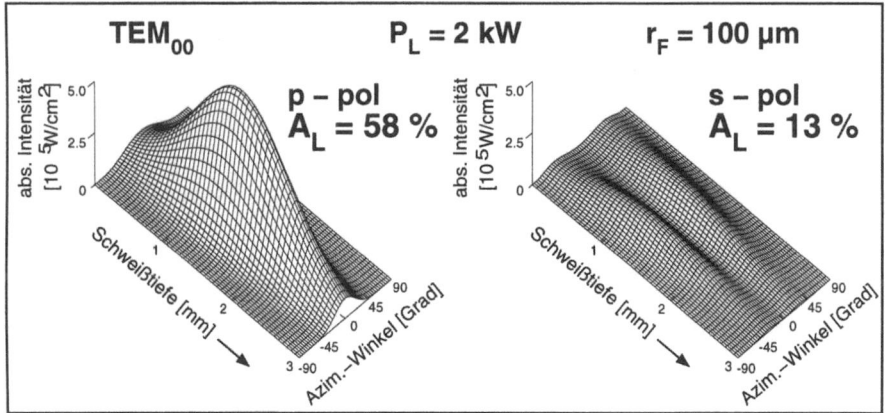

Abb. 8.1.2a Prinzipskizze einer zylinderförmigen Kapillarfront und berechnete Absorptionsverteilung auf einer zylinderförmigen Kapillarfront für einen TEM_{00}-Mode im Falle unterschiedlicher Polarisationsrichtungen

höht. Je nach Krümmung relativ zur Vorschubrichtung im unteren Bereich der Kapillaren trifft die Strahlung ein zweites Mal auf die Vorderfront auf oder trifft nach der ersten Reflexion auf die Rückwand der Kapillaren. In beiden Fällen ergibt sich unter dem ersten Bereich großer Absorption ein Gebiet geringerer Absorption gefolgt von einem weiteren Bereich weiter unten, in dem wieder viel Strahlung absorbiert wird. Ein solches Verhalten spiegelt sich auf zum Teil in Nahtquerschnitten wieder (vergl. Abbildung 8.1.4). Diese ungleichförmige Absorptionsverteilung gibt Anlaß zu dynamischen, instabilen Prozessen im Schmelzbad (s. Abb. 6.2.8, Kap. 7.3).

Aus den Rechnungen ist weiter zu ersehen, daß die jeweils vorgegebene Kapillargeometrie sehr starken Einfluß auf die Absorptionsverhältnisse hat. Selbst um qualitative Aussagen über die Absorptionsverteilung bei einer Schweißung zu treffen ist es daher nötig, die Form der Kapillaren bei der Schweißung möglichst genau zu kennen. Dies kann prinzipiell durch Messung oder durch Berechnung geschehen. Die experimentelle Bestimmung der Kapillargeometrie ist sehr aufwendig /3.0.1/. Zur theoretischen Bestimmung der Kapillargeometrie müssen die Wärmeleistungsvorgänge simuliert und damit die zum Aufheizen des Werkstücks benötigte absorbierte Intensität berechnet werden. Aus einem Vergleich von benötigter und bei gegebener Kapillargeometrie tatsächlich absorbierter Intensität kann dann die tatsächliche Kapillargeometrie iterativ bestimmt werden.

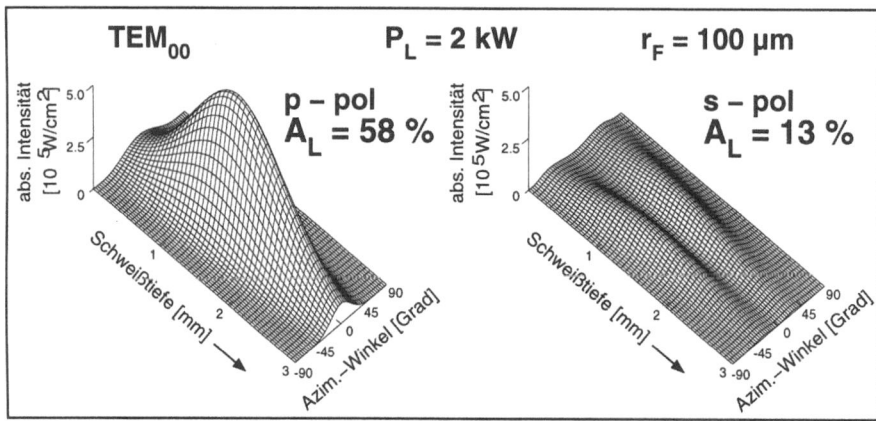

Abb. 8.1.2b   Prinzipskizze einer zylinderförmigen Kapillarfront und berechnete Absorptionsverteilung auf einer zylinderförmigen Kapillarfront für einen TEM_{01}^*-Mode im Falle unterschiedlicher Polarisationsrichtungen

Kapillargeometrien

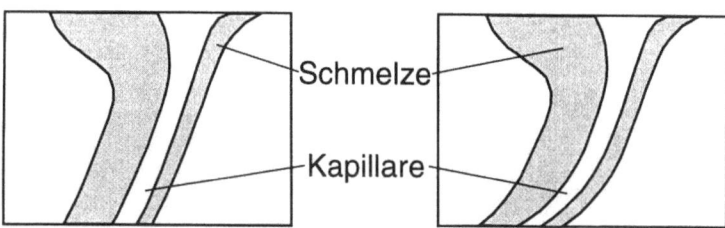

Berechnete Verteilung der absorbierten Intensität

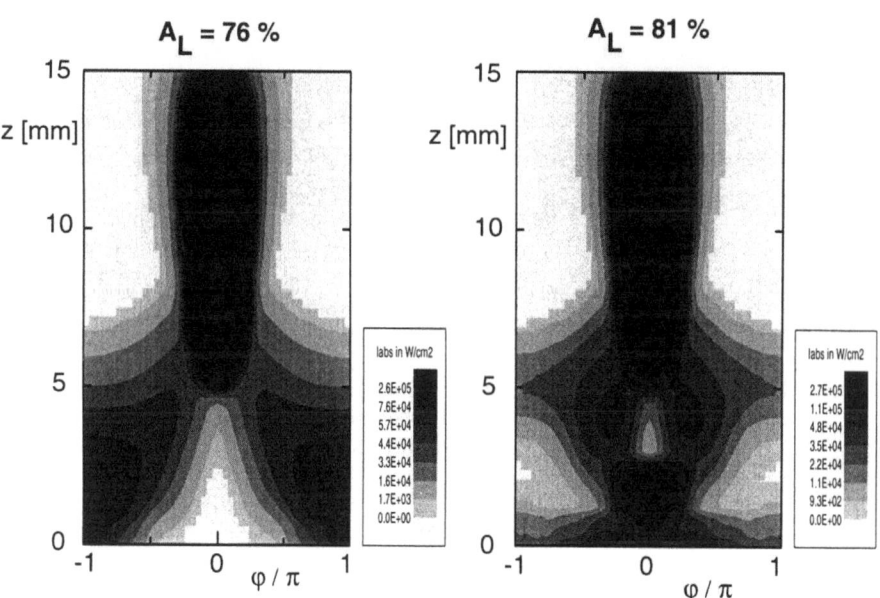

Abb. 8.1.3 Berechnete Absorptionsverteilung von Laserstrahlung mit Einfluß von Mehrfachreflexion.
Die Kapillarfläche ist in die Zeichenebene abgerollt. Der zweite Reflex tritt bei zylinderförmiger Kapillare an der Rückwand ($\varphi=\pi$), bei unten gekrümmter Kapillare an der Vorderfront ($\varphi=0$) auf. Laserleistung : 15 kW, p - Polarisation, Strahlradius : 0.3 mm, Material : Stahl, Blechdicke : 15 mm , Kapillarradius : 0.3 mm (unten) bis 0.4 mm (oben)

Erste Ansätze zur selbstkonsistenten Berechnung der Kapillargeometrie gibt es in der Literatur (/8.1.2/, /8.1.4/, /8.1.5/). Dabei wird allerdings bis jetzt von radialsymmetrischen Kapillaren, die gegen die Vorschubrichtung nicht gekippt sind, ausgegangen. Effekte, wie in Abb. 8.1.3 und Abb. 8.1.4 gezeigt, können damit bisher nicht erklärt werden.

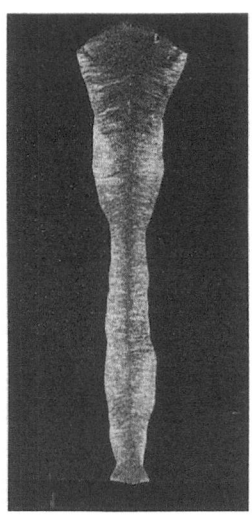
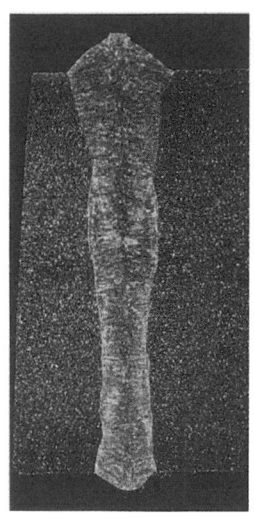

Werkstoff: 1.3964   Werkstoff: 1.4571

Abb. 8.1.4   Unterschiedliche Schweißnahtgeometrien, welche zum Teil durch Mehrfachreflexion in der Kapillaren beschrieben werden können
P_L = 15 kW   F = 11.4   S = 15 mm
V_S = 1 m/min r_F = 310 µm

8.2 Einfluß der Strahlungspolarisation

In Abbildung 8.2.1 ist der Einfluß der Strahlungspolarisation auf die Schweißnahtgeometrie dargestellt. Für die verwendeten Parameter ist bei Geschwindigkeiten v_S > 3 m/min ein deutlicher Einfluß der Polarisationsrichtung auf die Einschweißtiefe und die Nahtbreite zu erkennen. Im Falle hoher Strahlungsabsorption an der Kapillarfront ergibt sich eine schlanke, tiefe Nahtgeometrie (p-Polarisation), während bei erhöhter Absorption an der Kapillarwand (s Polarisation) eine breitere, weniger tiefe Schweißnaht entsteht. Da die aufgeschmolzenen Querschnittsflächen für s- und p-Polarisation über einen größeren Geschwindigkeitsbereich konstant und damit unabhängig von der Polarisationsrichtung der Laserstrahlung sind, kann davon ausgegangen werden, daß in beiden Fällen die gleiche Laserstrahlleistung eingekoppelt wird.

Den Rechnungen der Absorptionsverteilung auf der Kapillarwand, die in Abbildung 8.1.1 und 8.1.2 dargestellt sind, ist zu entnehmen, daß im Falle der p Polarisation über 50 % der Strahlung direkt an der Kapillarfront absorbiert werden.

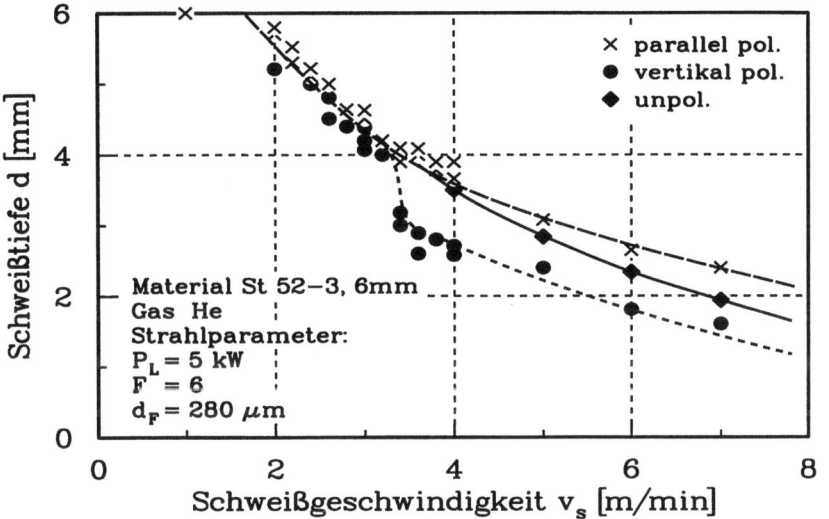

Abb. 8.2.1   Einfluß der Strahlungspolarisation auf Schweißnahttiefe und -breite. Zu erkennen ist ein Schwellverhalten. Unterhalb einer kritischen Geschwindigkeit ist nahezu kein Polarisationseinfluß zu erkennen /Beyer/7.1.2/8.2.1/

Bei Verwendung von s-Polarisation werden hingegen nur etwa 20 % der einfallenden Strahlung direkt, vornehmlich an den Seitenwänden der Kapillare, absorbiert. Der verbleibende Strahlungsanteil wird nach dem Modell der Mehrfachreflexion zur Kapillarunterseite hin reflektiert und im wesentlichen in der Kapillarwurzel durch Vielfachreflexion absorbiert.

Die in Abbildung 8.2.1 dargestellten Schweißungen zeigen jedoch, daß eine verstärkte Strahlungsreflexion zur Kapillarunterseite hin die Einschweißtiefe offensichtlich nicht erhöht, sondern verringert.

Die Schweißungen in Abbildung 8.2.1 zeigen weiterhin, daß bei Geschwindigkeiten kleiner einer kritischen Geschwindigkeit (v_s < 3 m/min) nahezu kein Einfluß der Strahlungspolarisation mehr auftritt. Dieses kann mit dem Modell der Mehrfachreflexion nicht erklärt werden. Gleichzeitig wird eine stärkere Plasmaformation beobachtet, so daß die erhöhte Strahlungsabsorption an der Kapillarfront in Zusammenhang mit der Plasmabildung zu sehen ist.

Eine Mehrfachreflexion in der Kapillaren wird durch die im Kapitel 6.2 beschriebenen Vorgänge, welche zwangsweise zur Bildung einer treppenförmigen Deformation der Kapillarfront führen, erheblich behindert. Die Mehrfachreflexion in der Kapillare und ein Polarisationseinfluß der Laserstrahlung wird nur bei dünnen Schmelzfilmen an der Kapillarfront, also bei relativ großen Schweißgeschwindigkeiten, verstärkt auftreten können.

Das Schwellverhalten für das Auftreten einer polarisationsabhängigen Kapillarabsorption ist eine Funktion von Strahlungsintensität und Schweißgeschwindigkeit. Abbildung 8.2.2 zeigt, daß sich das Schwellverhalten mit steigender Intensität zu höheren Geschwindigkeiten hin verschiebt. Die physikalisch relevante Größe ist jedoch nicht die Geschwindigkeit, sondern die lokale Metalldampfdichte, welche zusammen mit der Intensität die Plasmaformation bestimmt. Beim Übergang vom Schmelzschweißen zum Tiefschweißen erfolgt wie Kap. 2.1 beschrieben zunächst eine Deformation der Oberfläche, so daß die Laserstrahlung nicht mehr senkrecht auf diese auftrifft. Dies erklärt die Bedeutung der Strahlungspolarisation auf die Ausbildung des Tiefschweißeffektes. Abb. 8.2.3 zeigt den Einfluß der Strahlungspolarisation auf den Übergang vom Tiefschweißen zum Schmelzschweißen durch Erhöhung der Geschwindigkeit.

Durch Schweißungen im Vakuum wird dies deutlich. Abbildung 8.2.5 zeigt, daß mit sinkendem Umgebungsdruck das Schwellverhalten zu niedrigeren Geschwindigkeiten hin verschoben wird und letztlich verschwindet. Durch den erniedrigten Umgebungsdruck wird das Ausströmen des Metalldampfes aus der Kapillaren erleichtert, wodurch sich die lokale Metalldampfdichte erniedrigt. Die Rechnungen in Kapitel 4.2 belegen diesen Effekt.

Abb. 8.2.6 zeigt, daß die Plasmaformation mit abnehmenem Druck ebenfalls abnimmt und schließlich ganz verschwindet. In Abbildung 8.2.4 ist die Einschweißtiefe für die unterschiedlichen Umgebungsdrücke zusammengefaßt. Bei größeren Geschwindigkeiten ist die lokale Metalldampfdichte geringer als bei kleineren Schweißgeschwindigkeiten (siehe Kapitel 5.2). Da die Plasmaabsorption proportional der Metalldampfdichte ist, tritt bei höheren Geschwindigkeiten kein merklicher Plasmaeinfluß auf.

Mit abnehmender Schweißgeschwindigkeit kann durch Reduzierung des Umgebungsdruckes die Plasmaabsorption verringert und somit die Einschweißtiefe erhöht werden. Abbildung 8.2.4 zeigt weiterhin, daß die Einschweißtiefe

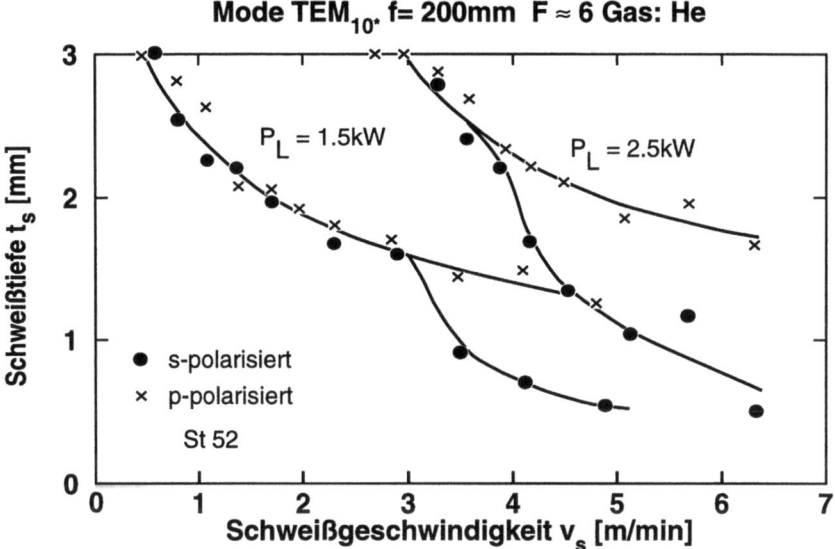

Abb. 8.2.2 Das in Abb. 8.2.1 zu erkennende Schwellverhalten ist eine Funktion der Laserstrahlintensität. Mit zunehmender Intensität verschiebt sich die Schwelle zu höheren Geschwindigkeiten hin St 52/3, K = 0,45, F = 7 /7.1.2/

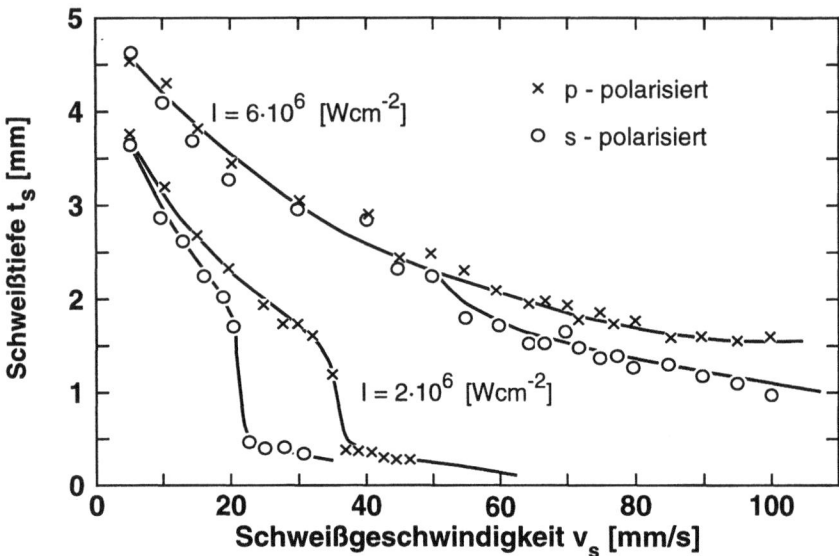

Abb. 8.2.3 Einfluß der Strahlungspolarisation auf den Übergang vom Tiefschweißen zum Schmelzschweißen

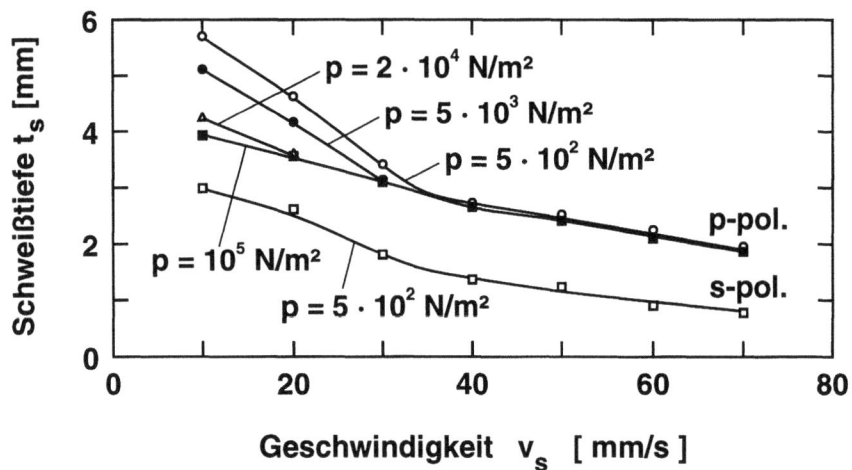

Abb. 8.2.4 Laserstrahlschweißen im Vakuum. Die Einschweißtiefe kann nur im niedrigen Geschwindigkeitsbereich durch eine Verringerung des Umgebungsdruckes erhöht werden.

Einfluß der Strahlungspolarisation 123

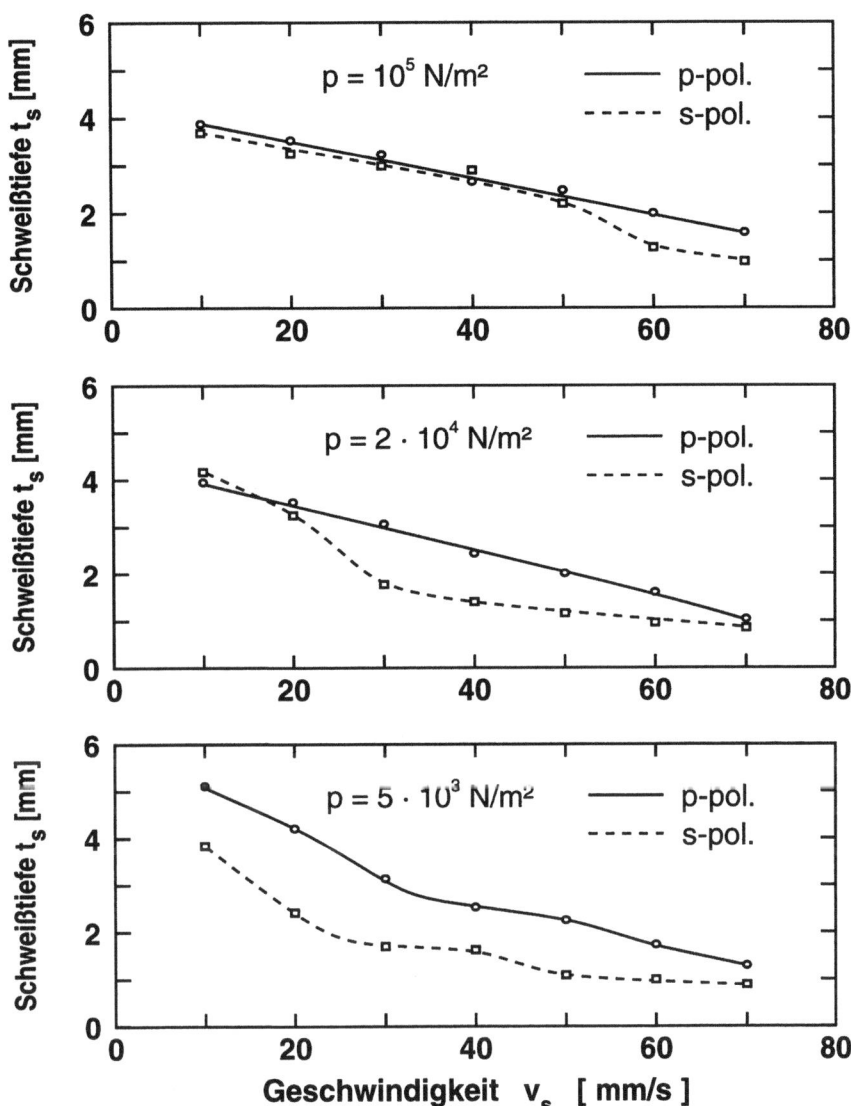

Abb. 8.2.5 Laserstrahlschweißungen im Vakuum. Mit Absenken des Druckes verschiebt sich das Schwellverhalten für das Einsetzen des Polarisationseinflusses zu kleineren Geschwindigkeiten. Bei einem Druck von $5 \cdot 10^3$ W/cm^2 ist über den gesamten Geschwindigkeitsbereich ein Einfluß der Polarisation zu erkennen. P_L = 2,5 kW, St 52/3, K = 0,45, F = 7, v_S = 20 mm/s

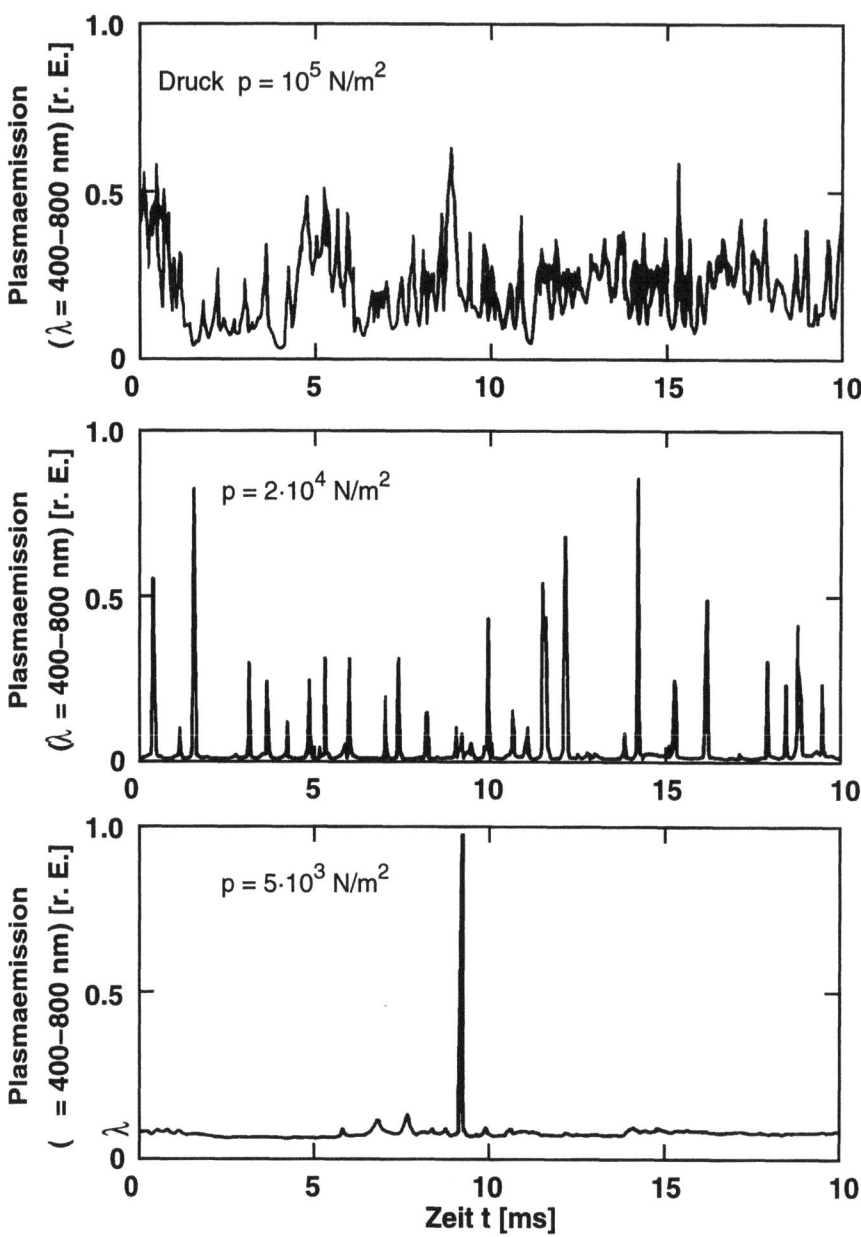

Abb. 8.2.6 Laserstrahlschweißen im Vakuum. Mit abnehmendem Druck nimmt auch die Plasmaformation ab. Detektierte Wellenlänge λ 400 - 800 nm, Parameter P_L = 2,5 kW, St 52/3, K = 0,45, F = 7, v_S = 20 mm/s

durch die Strahlungsabsorption an der Kapillarfront bestimmt ist (siehe Kapitel 8.1). Diese kann durch Mehrfachreflexion, wie sie bei einer "s-Polarisationsrichtung" verstärkt auftreten muß, offensichtlich nicht ausreichend erhöht werden.

Zusammengefaßt kann aus diesen Ergebnissen folgendes geschlossen werden:

1. In Abhängigkeit von den verwendeten Prozeßparametern tritt Mehrfachreflexion in der Dampfkapillare auf.

2. Eine erhöhte direkte Absorption an den Seitenwänden führt zu breiteren, weniger tiefen Nahtgeometrien.

3. Eine erhöhte direkte Absorption an der Kapillarfront führt zu schlanken tiefen Nahtgeometrien.

4. Die eingekoppelte Strahlungsleistung ist offensichtlich in beiden Fällen (Nr. 2 u. 3) nahezu gleich.

5. Aus Punkt 2 und 3 folgt in Zusammenhang mit den Abb. 8.2.4 und 8.2.5, daß eine verstärkte Mehrfachreflexion nicht zu einer Erhöhung der Einschweißtiefe führt. Diese wird vielmehr durch die absorbierte Strahlungsleistung auf der Kapillarfront bestimmt. Mehrfachreflexion führt hingegen auch zur Aufheizung der Kapillarrück- und -seitenwände, welches für die Einschweißtiefe als Verlust zu betrachten ist (siehe Kap. 9.2).

6. Eine verstärkte Plasmaabsorption in der Kapillare führt zu einer Verringerung des Polarisationseffektes. Bei s-Polarisation wird durch die Plasmaabsorption die Energieeinkopplung an der Front unterstützt. Die Einschweißtiefe nimmt zu.

7. Bei p-Polarisation der Laserstrahlung wird die Strahlungsenergie mit hohem Wirkungsgrad an der Front eingekoppelt. Die durch die Plasmaabsorption reduzierte Laserstrahlintensität wird analog der Mehrfachreflexion in 2π, also auch an der Kapillarrückwand und den Seitenwänden absorbiert. Diese Energie mindert die Fresnelabsorption an der Front und stellt somit für die Einschweißtiefe einen Verlustterm dar. Bei p-Polarisation wird durch die Plasmaabsorption die Energieeinkopplung an der Front verringert. Die Einschweißtiefe nimmt ab.

8.3 Plasmaabsorption in der Kapillaren

Aus der Literatur sind Näherungsmodelle bekannt, welche die Energieeinkopplung der Laserstrahlung in der Kapillaren über die Plasmaabsorption beschreiben. Die wesentlichen Mechanismen sind hierbei zum einen die Wandrekombination /8.3.1/ und zum anderen die Strahlungsemission von angeregten Dampfatomen und Ionen, welche im sichtbaren bzw. UV-Spektralbereich erfolgt und an den Kapillarwänden eine vergleichsweise hohe Absorption besitzen.

Die Strahlungsemission heizt die Kapillarwände gleichmäßig auf. Der Energieübertrag, welcher aufgrund von Konvektion durch Rekombination an den Kapillarwänden auftrifft, erfolgt vorrangig an den Seiten und der Rückwand und begünstigt damit eine Verbreiterung des Schmelzbades wodurch die Kapillarlänge bzw. die Einschweißtiefe vermindert wird.

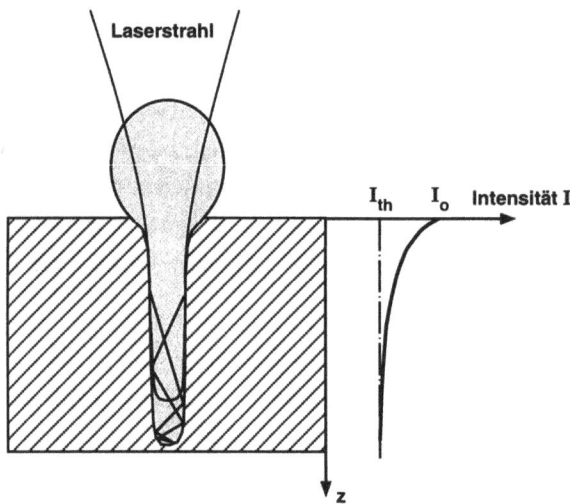

Abb. 8.3.1 Schemazeichnung der Intensitätsabnahme in einer Kapillaren. Die Laserstrahlintensität wird durch Plasmaabsorption vermindert und strebt gegen den Schwellwert zur Plasmabildung.

Da diese im Plasmabereich teilweise absorbiert und damit verringert wird, nimmt auch die Plasmaschwellung und damit die Plasmaabsorption in der Kapillaren in Ausbreitungsrichtung der Laserstrahlung ab. Dies ist schematisch in Abbildung 8.3.1 dargestellt. Diese Abnahme der Laserstrahlintensität kann jedoch durch verstärkt auftretende Mehrfachreflexion im unteren Kapillarbereich sowie durch eine entsprechend Abb. 6.1.1 zur Nahtwurzel hin enger werdende Kapillare kompensiert werden. Selbstkonsistente Modelle, welche die Plasmaabsorption innerhalb einer Kapillare beschreiben, sind aufgrund der Komplexität der Vorgänge zur Zeit nicht bekannt. Experimentell wurde in mehreren Arbeiten versucht, die Elektronentemperatur in der Kapillaren zu bestimmen, um damit Rückschlüsse auf eine mögliche Plasmaabsorption zu bekommen. Erste Untersuchungen hierzu sind 1988 von Sokolowski, Herziger und Beyer /8.3.2/ veröffentlicht worden, siehe Abb. 8.3.2 und 8.3.3. Mit dieser Methode wurde zu Beginn und zum Ende einer Schweißung in die sich öffnende bzw. schließende Kapillare hineingeschaut. Durch die zum Teil seitlich offene Kapillare ergeben sich jedoch geringfügig geänderte Strömungsverhältnisse, die Auswirkungen auf die Metalldampfdichte und damit auf die Plasmabildung und Absorption haben. In einem weiteren Verfahren wurde versucht /8.3.3/, mit Hilfe eines Scraper-Spiegels von oben in die Kapillare hineinzuschauen. Eine Ortsauflösung ist hierbei kaum möglich, darüber hinaus erfolgt eine Beeinflussung durch das Plasma oberhalb des Werkstückes. Bei einer weiteren Methoden wurde von Bermejo kleine Bohrungen in das zu schweißende Werkstück eingebracht und versucht, die Elektronentemperatur in der Kapillare hierdurch zu ermitteln. In Erweiterung dieser Methode kann ein dünnes Röhrchen aus hochschmelzendem Material in die Bohrungen eingeführt werden /3.0.1/3.0.2/. Durch dieses Röhrchen kann nun mittels spektroskopischer Methoden die Temperatur ermittelt werden. Da jedoch die Messung zu dem Zeitpunkt erfolgt, wo der Laserstrahl entsprechend Abb. 8.3.4 auf das im Material befindliche Röhrchen trifft, ist die Verdampfung im Bereich der Meßstelle unterbrochen. Gemessen wird somit nicht die aktuelle Temperatur, sondern die Temperatur welche sich aufgrund der Dampfströmung in der Kapillaren im Bereich des eingeführten Röhrchens vorhanden ist. Hieraus ergeben sich Werte, die analog mit der ersten Methode einer unteren Abschätzung der Elektronentemperatur führen. Bei allen Messung treten starke Schwankungen in der Elektronentemperatur und damit in der ermittelten Plasmaabsorption auf, diese sind auf die in Kapitel 7 beschriebenen Plasma- und Dampfdichtefluktuation zurück zu führen. Insgesamt können jedoch 5 % - 10 % höhere Elektronentemperaturen in der Kapillare ermittelt werden, als diese Oberhalb der Kapillare vorliegen. Aus den Mittelwerten ergibt sich ein Absorptionskoeffizient

$$\alpha \approx 1{,}8 \cdot 10^{-35} \, n_e^2 \cdot T_e^{-3/2} \, cm^{-1}$$
$$\alpha = 0{,}2 \, cm^{-1} - 2 \, cm^{-1}.$$

Die Messungen sagen aus, daß die Plasmaabsorption in der Kapillare geringfügig gegenüber der oberhalb des Werkstückes erhöht ist, daß jedoch entsprechend der Fluktuationen für kurzes Zeiten erhebliche Absorptionsgrade des laserinduzierten Plasmas in der Kapillare auftreten können.

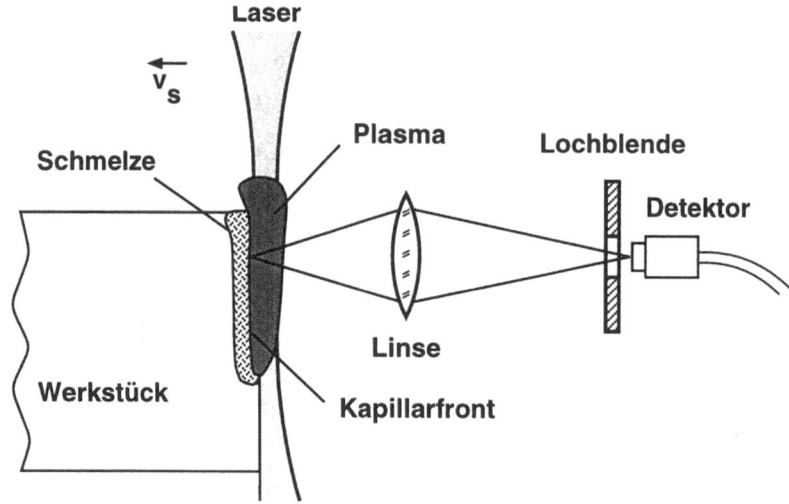

Abb. 8.3.2   Experimenteller Aufbau zu Bestimmung der Elektronentemperatur in einer sich ausbildenden Dampfkapillare /8.3.2/

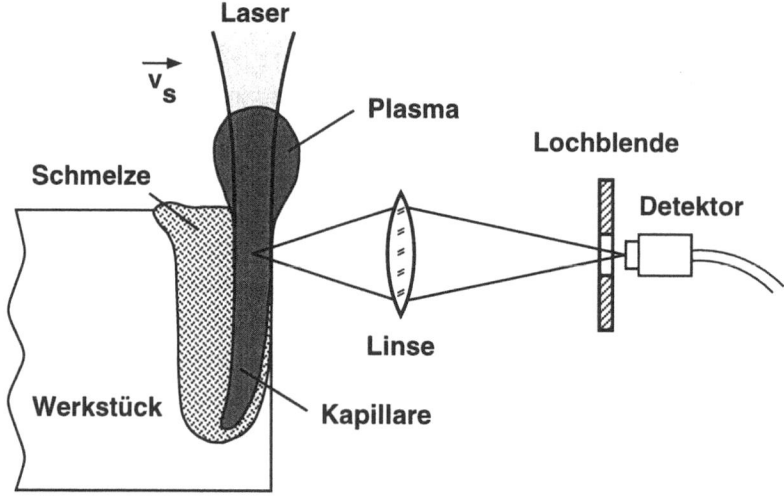

Abb. 8.3.3   Experimenteller Aufbau zur spektroskopischen Ermittlung der Elektronentemperatur in einer Dampfkapillare, welche sich aus dem Werkstück herausbewegt /8.3.2/.

Plasmaabsorption in der Kapillaren

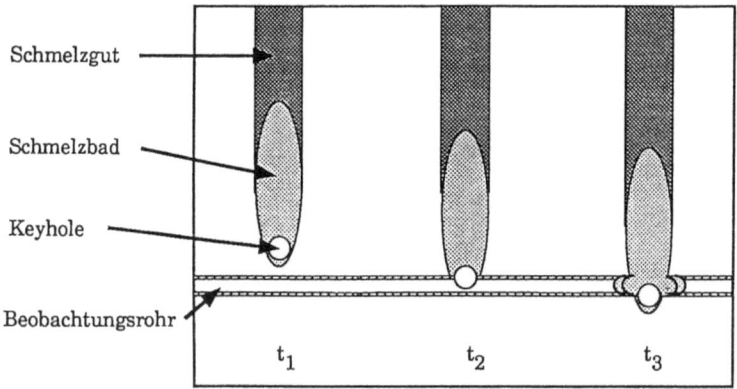

Abb. 8.3.4   Bestimmung der Elektronentemperatur in der Kapillaren durch seitliches Einbringen eines hochschmelzenden Röhrchens. Die Elektronentemperatur wird spektroskopisch durch das Röhrchen hindurchtretende Licht ermittelt /3.0.1/3.0.2/

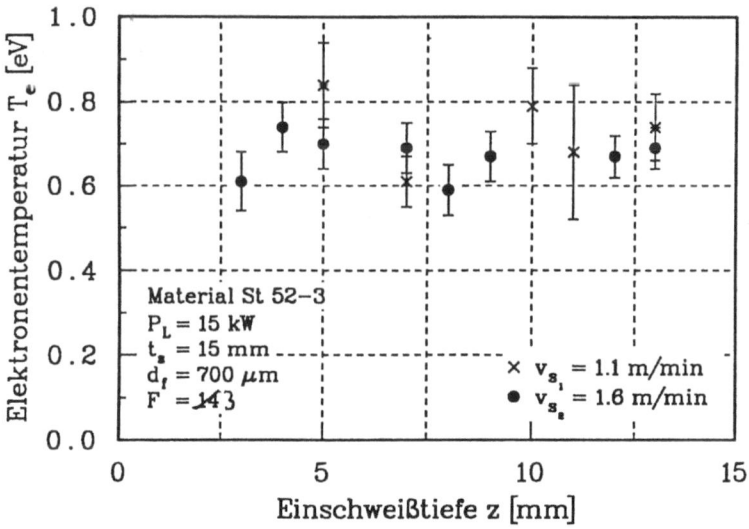

Abb. 8.3.5   Typische Messung der Elektronentemperatur in Abhängigkeit der Schweißgeschwindigkeit und Meßtiefe /3.0.1/3.0.2/.

9. Näherungsmodelle zum Tiefschweißen

Eine Schweißnaht kann durch die Geometrie der aufgeschmolzenen und wieder erstarrten Zone sowie durch die mechanisch-technologischen Eigenschaften dieses Gebietes charakterisiert werden. Die mechanisch-technologischen Eigenschaften werden im wesentlichen durch den Werkstoff und die Aufheiz-, bzw. Abkühlvorgänge bestimmt. Die Geometrie der Schweißnaht ergibt sich aus der Art der Energiezufuhr und der Schweißgeschwindigkeit. Dabei ist die Schweißnahttiefe und die Schweißnahtbreite von besonderer Bedeutung. Diese können durch Näherungsmodelle, die auf einer Lösung der Wärmeleitungsgleichung basieren, beschrieben werden. Selbstkonsistente Modelle, welche die in den vorangegangenen Kapiteln beschriebenen Vorgänge der Plasmaphänomene, der Mehrfachreflexion und der Schmelzbewegung berücksichtigen, sind aufgrund der Komplexität der Zusammenhänge z. Z. nicht vorhanden. Die einzelnen Phänomene können jedoch separiert betrachtet und durch Näherungsmodelle beschrieben werden. Diese ermöglichen ein umfassendes Bild der Vorgänge beim Laserstrahlschweißen und eine halbwegs quantitative Beschreibung der Zusammenhänge.

9.1 Bewegte Linienquelle

Aufgrund der typischen schlanken und tiefen Schweißnähte bieten sich Modelle zur Beschreibung der Nahttiefe an, die von einer bewegten linienförmigen Energiequelle ausgehen. Aus der zweidimensionalen Wärmeleitungsgleichung

$$- v_s \frac{\partial T}{\partial x} = \kappa \Delta T \qquad (9.1.1)$$

folgt für das Temperaturfeld T (x, y):

$$T(x, y) = T_0 + \frac{P_L}{2\pi K t_s} K_0\left(\frac{v_s r}{2\chi}\right) e^{-\frac{v_s x}{2\chi}} \qquad (9.1.2)$$

mit
$$r = \sqrt{x^2 + y^2}$$
$$K_0 = Besselfunktion$$

Abbildung 9.1.1 zeigt einen typischen Isothermenverlauf für eine bewegte Linienquelle. Die zum Erreichen einer gegebenen Schweißnahttiefe t_s erforderliche Leistung P_L kann abgeschätzt werden, indem bei $x = 0$, $y = r_F$ $T(x, y) = T_v$ gefordert wird. Bei dieser Lösung wird keine Schmelz- und Verdampfungsenthalpie berücksichtigt. Laserstrahl- und Absorptionsverteilungen in der Kapillaren können ebenfalls nicht berücksichtigt werden. Die Geometrie der Dampfkapillaren bekommt aufgrund des Isothermenverlaufes besonders bei hohen Schweißgeschwindigkeiten eine starke elliptische Form.

Die Schweißnahtbreite ergibt sich durch Differenzieren von Gl. 9.1.2, wobei $\frac{dT(x,y)}{dy} / T=T_s = 0$ gesetzt wird. Die Schweißtiefe t_s und die absorbierte Strahlleistung P_L müssen als Parameter vorgegeben werden.

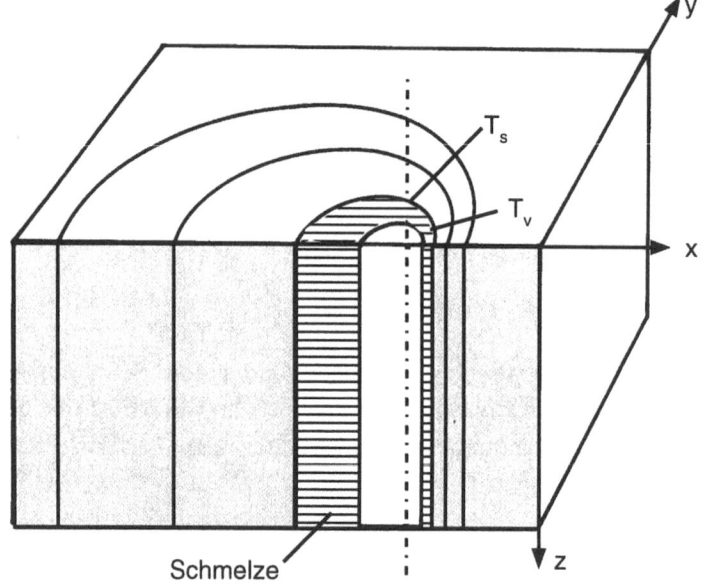

Abb. 9.1.1 Zeigt eine mit Hilfe einer bewegten Linienquelle berechneten Isothermenverlauf. Kapillar- und Schmelzbadgeometrie ergeben Sie durch die Isothermen für T_v und T_s.

9.2 Bewegte Flächenquelle

Der Ansatz einer bewegten Flächenquelle anstelle einer bewegten Linienquelle liegt der experimentelle Befund zugrunde, daß sich die Schweißtiefe t_s annähernd proportional dem Produkt aus P_L/r_F verhält /Beyer 1985/. In der folgenden Betrachtung wird von einer zylinderförmigen Kapillarfront ausgegangen (Abb. 9.2.1). Damit die Kapillare geöffnet bleibt, muß die Kapillarfront auf Verdampfungstemperatur aufgeheizt werden und ein Teil verdampfen. Der Teil, welcher nicht verdampft, muß von der Kapillarfront um die Kapillare herum zur Rückseite strömen.

Die Leistungsbilanz bezogen auf das Volumen der Dampfkapillaren ergibt sich damit wie folgt:

$$P_L = P_T + P_S + P_V + P_W \tag{9.2.1}$$

P_L = pro Zeiteinheit benötigte Laserstrahlenergie
   = Laserstrahlleistung

P_T = pro Zeiteinheit benötigte Energie zum Aufheizen des Kapillarvolumens auf T_V
   $$= \rho_0 c_p \Delta T_V 2 r_F t_s v_s \tag{9.2.2}$$

P_S = pro Zeiteinheit benötigte Energie zum Schmelzen des Kapillarvolumens
   $$= \rho_0 2 r_F t_s v_s \varepsilon_s \tag{9.2.3}$$

P_V = pro Zeiteinheit benötigte Energie zum Verdampfen eines Bruchteiles δ des Kapillarvolumens
   $$= \rho_0 2 r_F t_s v_s \varepsilon_v \delta \tag{9.2.4}$$

P_W = Durch Wärmeleitung aus dem Kapillarvolumen pro Zeit abgeführte Energie

Die kinetische Energie des Dampfes, welcher aus der Kapillaren heraus strömt, sowie die der Schmelze, welche um die Kapillare herum strömt, wird bei dieser Betrachtung vernachlässigt.

Die durch Wärmeleitung aus dem Kapillarvolumen abgeführte Energie stellt einen Verlustterm nur für die Energiebilanz der Kapillaren und damit für die Einschweißtiefe dar. Für die Schweißung selber ist sie nur bedingt eine Verlustgröße, da ein ausreichendes Schmelzvolumen um die Kapillare herum zwingend notwendig ist. Dieses kann nur über Wärmeleitung und Konvektion entstehen.

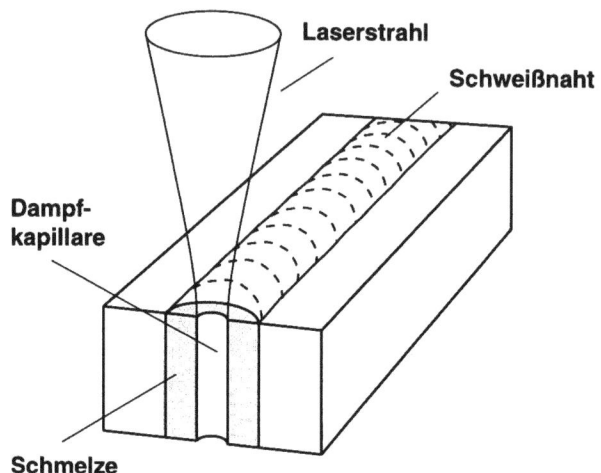

Abb. 9.2.1   Schematische Darstellung des Schweißprozesses mit zylinderförmiger Kapillargeometrie

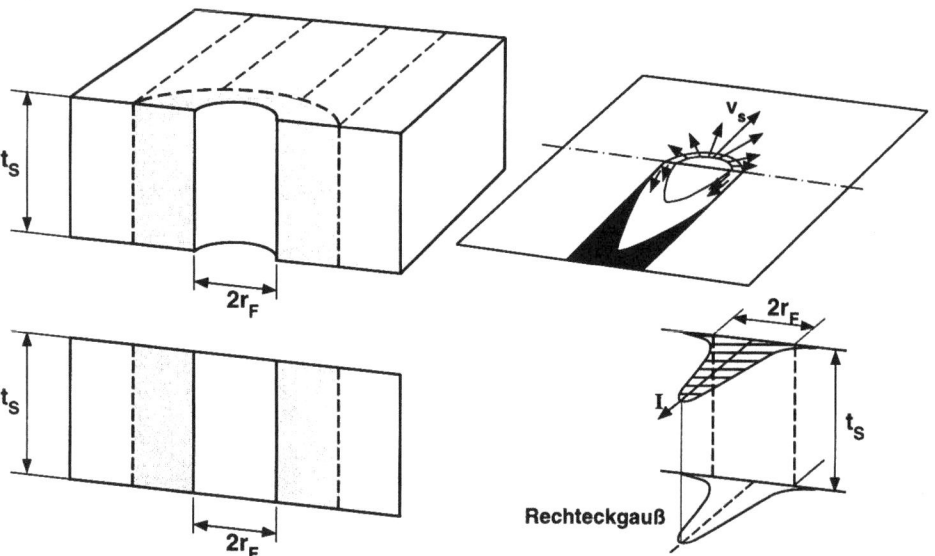

Abb. 9.2.2   Annahme einer rechteckförmigen Kapillarfront gegeben durch $2r_F$ und t_s

Zur Beschreibung der Energiebilanz während der Bewegung der Kapillaren durch das Werkstück, ist es in der 1. Näherung ausreichend, die Kapillarfront zu betrachten.

Um die Kapillare durch das Werkstück bewegen zu können, muß das vor der Kapillarfront liegende Volumen entsprechend Gleichung 9.2.1 aufgeheizt, geschmolzen und teilweise verdampft werden. Alles was hinter der Kapillarfront geschieht, ist für die Energiebilanz der Kapillaren in diesem Ansatz von untergeordneter Bedeutung. Da in diesem Ansatz an der Kapillarfront zwangsweise die höchste Temperatur vorliegen muß, bildet sich eine durch Konvektion bedingte Schmelzbewegung von der Front zur Rückseite aus. Die erwärmte Schmelze, welche um die Kapillare herum strömt, muß nicht mehr verdampft werden.

Die in Gleichung (9.2.1) aufgeführten Leistungen sind bis auf P_W alle proportional zum Kapillarvolumen. Für den Fall, daß $P_W \ll P_L$ ist, ergibt sich direkt der experimentell ermittelte Zusammenhang

$$\boxed{t_s \sim P_L / r_F} \qquad (9.2.5)$$

Der Einfluß der Wärmeleistungsverluste kann durch die Annahme einer bewegten Flächenquelle abgeschätzt werden. Für eine zylinderförmige Kapillarfront und eine multimode Strahlverteilung (Tophat) kann die an der Front absorbierte Strahlung durch eine Rechteckgaussverteilung angenähert werden. Abbildung 9.2.2 zeigt die angenommene Kapillargeometrie und eine Rechteckgaussverteilung. Diese Strahlverteilung stellt eine gute Näherung für die auf der abgewickelten Front auftreffende Strahlung dar. Die Wärmeleitung kann somit näherungsweise als zweidimensionales halbunendliches Problem beschrieben werden, bei dem sich die rechteckgaussverteilte Wärmequelle Q_W ins Werkstück hinein bewegt.

$$Q_W = Q_{W0}\, exp - 2\left(\frac{x^2}{r_F^2} + \frac{y^2}{r_1^2}\right) \quad r_1 \to \infty \qquad (9.2.6)$$

Für den zweidimensionalen stationären Fall ergibt sich

$$T_{(x,y)} - T_0 = \frac{Q_w}{\rho c v_s} \sqrt{\frac{2}{\pi}} X \; e^X K_0(X)$$

$$= \frac{Q_w}{\rho c v_s} f(X) \qquad (9.2.7)$$

$$K_0(X) = \text{Besselfunktion}$$

$$Q_{wo} = \frac{AI - PU\Delta_v}{P_0 c_p}$$

$$X = \left(\frac{r_F v_s}{8 \kappa}\right)^2 \qquad (9.2.8)$$

Unter der Voraussetzung, daß die Temperatur $T_{(0,0)}$ auf der Kapillarfront Verdampfungstemperatur $\geq T_v$ ist und ΔT_v die Temperaturdifferenz zum umgebenden Material darstellt, ergeben sich die Wärmeleitungsverluste durch Subtraktion von P_T, welches in der Wärmeleitungsrechnung enthalten ist zu:

$$P_W = 2 r_F t_s (v_s \Delta T_v \rho c_p f^{-1}(X)) - P_T \qquad (9.2.9)$$

$$P_L \approx 2 r_F t_s v_s \rho \{c_p \Delta T_v + \varepsilon_s + \delta\varepsilon_v + c_p \Delta T_v (f^{-1}(X) - 1)\} \qquad (9.2.10)$$

$$\boxed{t_s \approx \frac{P_L}{r_F} \frac{1}{2\rho v_s \left(\varepsilon_s + \delta\varepsilon_v + c_p \Delta T_v f(X)\right)}} \qquad (9.2.11)$$

Die Funktion f(X) ist in Abhängigkeit von der Peclet-Zahl in Abbildung 9.2.3 dargestellt. Für Peclet-Zahlen Pe = $(r_F v_s) / \kappa$ > 5 liefern die Wärmeleitungsverluste nur noch einen unmerklichen Beitrag.

P_L beschreibt in Gleichung 9.2.4 nicht die einfallende sondern die absorbierte Strahlungsleistung. Zur Berechnung der Schweißtiefe t_s kann somit über den Betrag von P_L auch die polarisations- und winkelabhängige Absorption (integral) berücksichtigt werden.

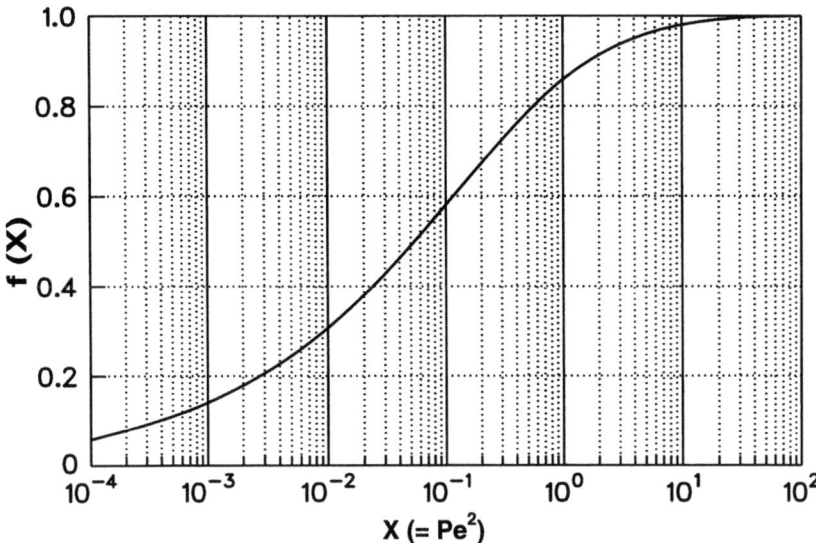

Abb. 9.2.3   Dargestellt ist die Funktion f (X) in

9.3 Bewegte Zylinderquelle

Unter der Annahme einer durch das Werkstück bewegten zylinderförmigen Wärmequelle, welche der Geometrie der Dampfkapillaren entspricht, werden auch die Wärmeleitungsverluste in Richtung der Kapillarrückseite berücksichtigt.

Zur Modellierung der Wärmeleitung werden folgende Annahmen gemacht /9.3.1/.

- der Prozeß verläuft zweidimensional

- die Kapillare ist ein Zylinder mit dem Radius r_F und der Länge t_s

- der Rand der Kapillare befindet sich auf Verdampfungstemperatur T_v

- weit entfernt von der Kapillare befindet sich das Material auf Umgebungstemperatur T_m

- der Einfluß der Schmelzbaddynamik auf die Wärmeleitung wird vernachlässigt

Unter diesen Annahmen folgt aus der Wärmeleitungsgleichung (Gl. 9.1.1) für Polarkoordinaten (x=r cosφ, y=r sinφ) /9.3.1/ die folgende Temperaturverteilung:

$$T(\rho^*,\varphi) = e^{-\rho^* \cos\varphi} \sum_{n=0}^{\infty} \Theta_n K_n(\rho^*) \cos(n\varphi) \qquad (9.3.1)$$

$$\Theta = \frac{I_0(\rho_0)}{K_0(\rho_0)}, \quad \Theta_n = 2\frac{I_n(\rho_0)}{K_n(\rho_0)} \quad n = 1, 2, \ldots \qquad (9.3.2)$$

$$\rho^* = \frac{r v_s}{2\chi}, \quad \rho_0 = \frac{r_F v_s}{2\chi}$$

I_n und K_n sind modifizierte Besselfunktionen. Die Größe $2\rho_0$ entspricht der Peclet-Zahl Pe und gibt das Verhältnis von Wärmetransport durch Bewegung des heißen Materials zu Wärmetransport durch Wärmeleitung wieder.

Durch Integration der Wärmestromverteilung über den gesamten Kapillarrand folgt die ins Material einzubringende Leistung $P_L = P_T + P_W$.

$$P_L = 2 r_F t_s v_s \rho c_p (T_v - T_\infty) f\left(\frac{Pe}{2}\right) \qquad (9.3.3)$$

Der Faktor $2 r_F t_s v_s \rho c_p (T_v - T_\infty)$ in Gleichung 9.3.3 beschreibt die in Gleichung 9.2.2 definierte Leistung P_T, welche benötigt wird, um eine Fläche der Seitenlänge $2 r_F$ und t_s bei der Vorschubgeschwindigkeit v_s auf Verdampfungstemperatur zu bringen. Zusätzlich dazu findet aber noch Wärmeleitung seitlich ins umgebende Material statt. Diese Verluste zur Seite werden durch den Wärmeverlustfaktor f (Pe/2) und P_W in Gleichung 9.2.9 beschrieben. Sind die Verluste zur Seite sehr klein, so ist f ≈ 1, sind sie groß, so ist auch f groß. f ist allein eine Funktion der Peclet-Zahl und monoton fallend mit der Peclet-Zahl. Je größer also r_F oder v_s, bzw. je kleiner κ, desto geringer die Wärmeleitungsverluste zur Seite.

Im Bereich von Peclet-Zahlen zwischen 0.1 und 10 läßt sich $f\left(\frac{Pe}{2}\right)$ ungefähr durch

$$f\left(\frac{Pe}{2}\right) = 1 + \left(\frac{Pe}{2}\right)^{-0,7} \tag{9.3.4}$$

annähern, so daß sich für die Leistung P_W ergibt:

$$\boxed{P_W \approx P_T \left(\frac{r_F v_s}{2\kappa}\right)^{-0,7}} \tag{9.3.5}$$

Hieraus folgt, daß die Wärmeleitungsverluste erst für Peclet-Zahlen Pe > 10 vernachlässigt werden dürfen.

Für die Leistungsbilanz bezogen auf das Volumen der Dampfkapillaren folgt entsprechend Gleichung 9.2.1 bis 9.2.4

$$\boxed{t_s = \frac{P_L}{2\, r_F v_s} \, \frac{1}{\rho\, c_p \Delta T \left(1 + \left(\frac{Pe}{2}\right)^{-0,7}\right) + \rho(\epsilon_s + \delta\epsilon_v)}} \tag{9.3.6}$$

Gleichung 9.3.6 zeigt, daß die Schweißtiefe t_s nahezu linear mit der Leistung wächst. Der experimentell ermittelte Zusammenhang $t_s \sim P_L / r_F$ ist nur eingeschränkt und für kleine Peclet-Zahlen gültig.

Die Schweißnahtbreite b_s läßt sich aus Gleichung 9.3.1 als maximale Breite der Isothermen zur Schmelztemperatur T_m numerisch bestimmen. Im Bereich von Peclet-Zahlen zwischen 0,1 und 10 kann b_s annähernd nach der Formel /Schulz etal 1993/

$$\boxed{b_s = 2 r_F \left(1 + \frac{1.3}{\left(\frac{Pe}{2}\right)^{0,5}} \ln \frac{T_v - T_\infty}{T_m - T_\infty}\right)} \tag{9.3.7}$$

bestimmt werden.

Unter Annahme von Schmelz- und Verdampfungstemperatur von Stahl folgt für Gleichung 9.3.7:

$$b_s \approx 2r_F \left(1 + \left(\frac{Pe}{2}\right)^{-0,7}\right) \qquad (9.3.8)$$

Da sich die Nahtbreite in der Regel mit der Tiefe ändert, ist es sinnvoll eine mittlere Nahtbreite $\overline{b_s}$ bzw. die aufgeschmolzene Nahtquerschnittsfläche $A_s = \overline{b_s}\, t_s$ anzugeben. Unter Vernachlässigung von ε_s und $\delta\, \varepsilon_v$ (Schmelzenthalpie ε_s und Verdampfungsenthalpie $\delta\, \varepsilon_v$), die in der Regel nur einen geringen Beitrag liefern ergibt sich:

$$A_s = t_s \cdot \overline{b_s} \approx \frac{P_L}{v_s} \frac{1}{\rho\, c_p\, \Delta T_v} \frac{\left(1 + \left(\frac{Pe}{2}\right)^{-0,5}\right)}{\left(1 + \left(\frac{Pe}{2}\right)^{-0,7}\right)} \qquad (9.3.9)$$

$$\boxed{A_s \approx \frac{\kappa}{K \Delta T_v} \frac{P_L}{v_s} \frac{1 + \left(\frac{Pe}{2}\right)^{-0,5}}{1 + \left(\frac{Pe}{2}\right)^{-0,7}}} \qquad (9.3.10)$$

Für typische Peclet-Zahlen von $0{,}5 < P_e < 5$ ist die Nahtquerschnittsfläche A_s direkt proportional der absorbierten Streckenenergie E_s

$$\boxed{E_s = \frac{P_L}{v_s} \sim A_s} \qquad (9.3.11)$$

Dieser Zusammenhang wird durch experimentelle Ergebnisse bestätigt /1.1/1.2/. Die Steigung ist durch die Materialeigenschaften gegeben und wird im wesentlichen durch das Verhältnis von Wärmeleitfähigkeit zu Temperaturleitfähigkeit sowie der Temperaturdifferenz (Gleichung 9.3.10) bestimmt.

Abbildung 9.3.2 zeigt die experimentell ermittelten Nahtquerschnittsflächen als Funktion der zugeführten Streckenenergie E_s für Stahl und für Aluminium /9.3.2./9.3.3/. Für Stahl zeigen die experimentellen Ergebnisse das Verhalten nach (9.3.11). Bei Aluminium treten Abweichungen hiervon auf. Die Ursache hierfür ist die Abhängigkeit des Kapillarradius r_F vor Leistung und Vorschubgeschwindigkeit. Außerdem ist die Peclet-Zahl Pe im Bereich 0.1 - 0.5 und somit mit Gleichung 9.3.10 nicht mehr zu vernachlässigen (Vergl. /5.3.2/, /9.3.5/)

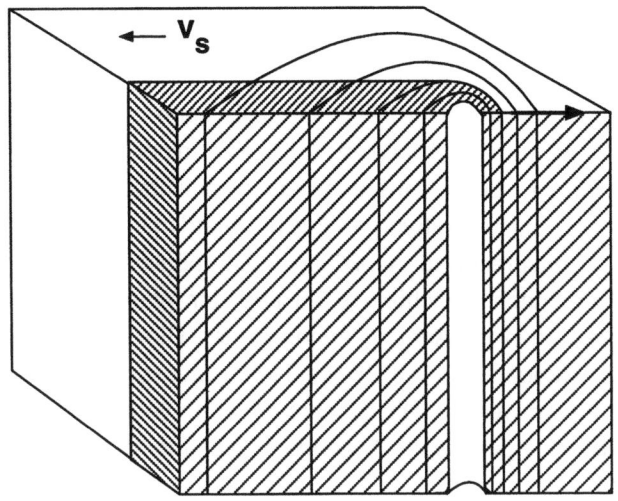

Abb. 9.3.1 Typische Isothermenverteilung bei der Berechnung der Schweißnahtgeometrie (schematisch)

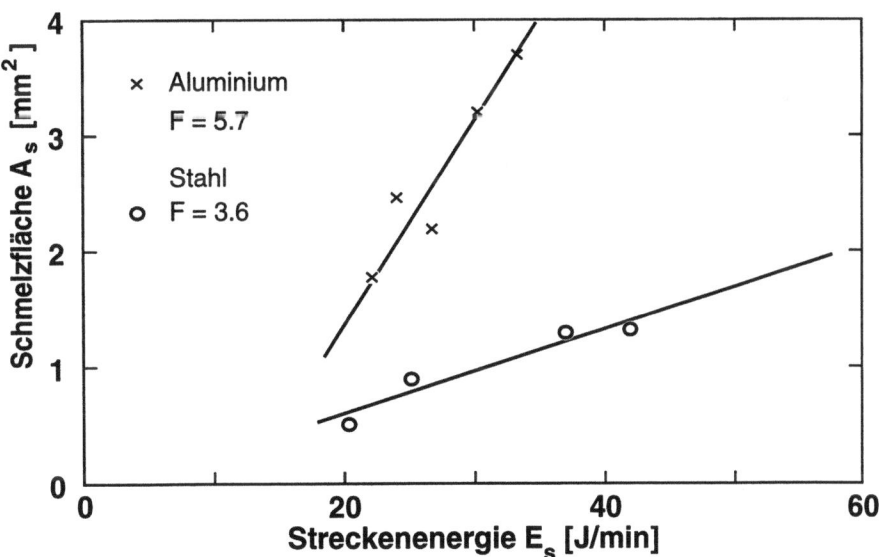

Abb. 9.3.2 Experimentell ermittelte Nahtquerschnittsfläche als Funktion der zugeführten Streckenenergie für Stahl und Aluminium

Die aufgeschmolzene Querschnittsfläche ist für Aluminium ca. einen Faktor 2 größer als für Stahl. Dies entspricht etwa dem Verhältnis der Werkstoffkonstanten (Gleichung 9.3.10).

Mit einer bewegten endlichen Zylinderquelle kann auch ein Einschweißvorgang berechnet werden. Abbildung 9.3.3 zeigt einen typischen berechneten Isothermenverlauf. Eine Näherungslösung entsprechend Gleichung 9.3.6 existiert für den Einschweißvorgang nicht. Allerdings ist eine Separation in 2 Teilprozesse entsprechend Abbildung 9.3.4 möglich. Dabei wird der Tiefschweißprozeß nach Gleichung 9.3.6 und der Wärmeleitungsprozeß nach Kapitel 2, bzw. den im Anhang angegebenen Gleichungen berechnet. Die Laserstrahlleistungen und die Schweißtiefen müssen zur Beschreibung des Prozesses addiert werden. Die Summe ergibt für vergleichbare Laserleistung immer eine geringere Einschweißtiefe als für den Fall einer Durchschweißung.

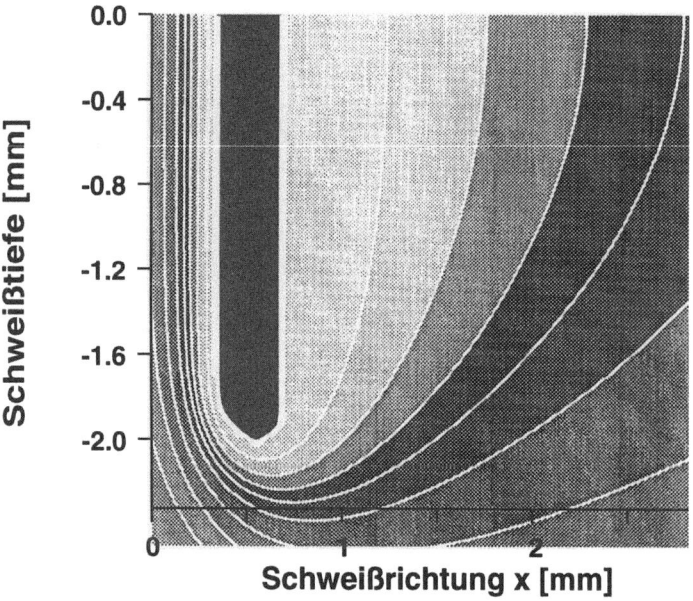

Abb. 9.3.3   Berechneter Isothermenverlauf einer bewegten Zylinderquelle Material: Eisen, t_s = 2 mm, r_F = 130 µm, v_s = 2 m/min, P_L = 1 kW /9.3.4/

Bewegte Zylinderquelle

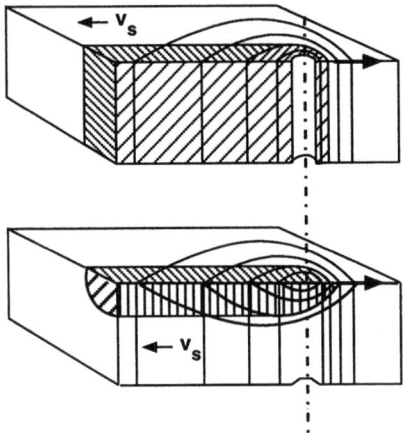

Abb. 9.3.4: Die Einschweißtiefe kann durch Addition von Durchschweißung und Schmelzschweißung genähert werden. Hierbei sollten die Schweißnahtbreiten identisch sein.

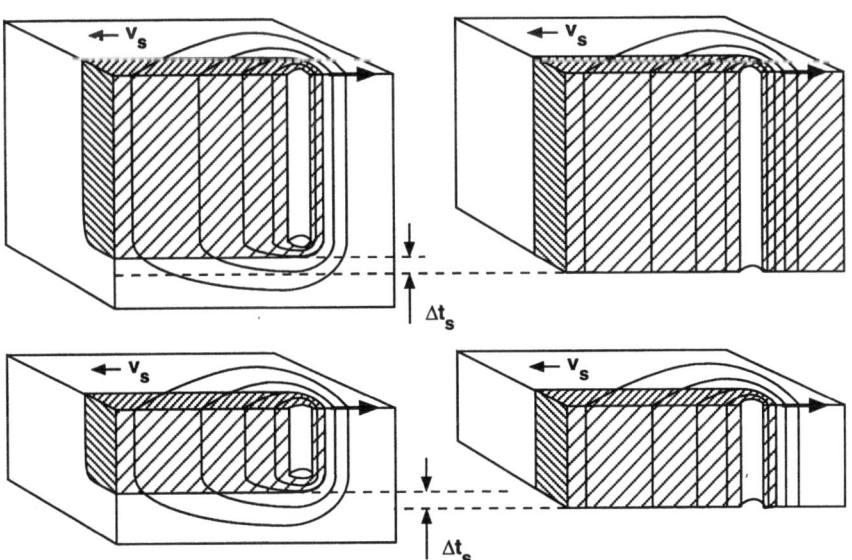

Abb. 9.3.5 Bei einer Schweißung ergibt sich eine um Δt_s geringere Schweißtiefe als im Falle einer Durchschweißung. Dies ist auf die 3 dimensionale Wärmeleitung im Bereich der Nahtwurzel zurückzuführen.

9.4 Bewegte Zylinderquelle mit Plasmaabsorption

Die in Kapitel 9.1 - 9.3 beschriebenen Modelle liefern nur relative Zusammenhänge der einzelnen Prozeßparameter. Abbildung 9.4.1 zeigt 2 für das Laserstrahlschweißen typische Nahtgeometrien. Zu erkennen ist, daß die Naht an der Oberseite deutlich breiter ist als an der Unterseite.

Die in Kapitel 6.1 beschriebenen Messungen an der Kapillarbreite zeigen eine leicht konische Kapillare, die im oberen Breich größer und im unteren Bereich kleiner als der Laserstrahl ist. In allen Fällen muß zum Erreichen einer vorgegebenen Schweißtiefe mehr Leistung eingekoppelt werden, als mit den Wärmeleitungsmodellen errechnet wird. Die Schweißtiefe t_s wächst nicht linear mit der Laserleistung (Abbildung 3.4.4 und 3.4.5). Im oberen Kapillarbereich wird pro Länge mehr Strahlung absorbiert als im unteren Bereich.

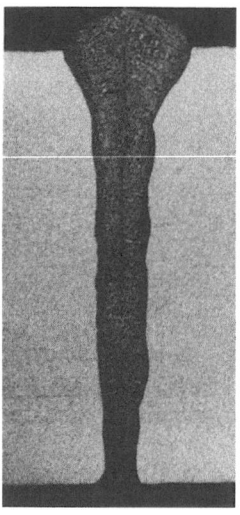
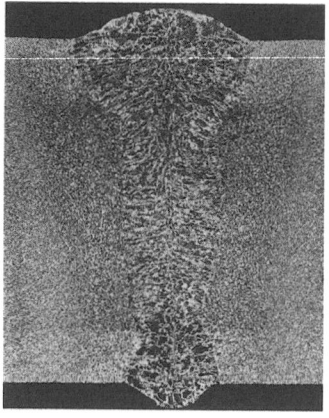

Werkstoff: 1.4301
S = 15 mm

Werkstoff: 1.4571
S = 3 mm

Abb. 9.4.1 Zwei für das Laserstrahlschweißen typische Nahtgeometrien. Wesentliches Merkmal ist die größere Nahtbreite an der Oberseite

Ein Vergleich von Laser- und Elektronenstrahlschweißungen zeigt, daß sich mit dem Elektronenstrahl insbesondere bei kleinen Schweißgeschwindigkeiten schlankere nahezu parallele Nahtgeometrien erzeugen lassen.

Folgende Punkte lassen sich mit den in Kapitel 9.1 - 9.3 erläuterten Modelle nicht beschreiben:

- Elektronenstrahlschweißungen können durch die Näherungsgleichungen 9.3.6 und 9.3.10 mit größerer Genauigkeit (± 10%) als Laserstrahlschweißungen beschrieben werden.

- Die Abweichungen zwischen Laser- und Elektronenstrahlschweißungen wachsen mit abnehmender Schweißgeschwindigkeit

- Laserstrahlschweißungen im Vakuum ergeben mit abnehmender Schweißgeschwindigkeit ein stärkeres Anwachsen der Schweißtiefe als an Atmosphäre (Abbildung 8.2.5).

Steen hat versucht durch die Überlagerung einer Linienquelle mit einer Punktquelle eine konische Nahtgeometrie zu erhalten /Steen/9.4.1/. Abbildung 9.4.2 zeigt einen Schweißnahtquerschnitt und die berechneten Nahtgeometrien. Während im oberen Nahtbereich des angeführten Beispieles eine Näherung möglich erscheint, treten im unteren Bereich nach wie vor Abweichungen auf. Hier müßte eine Wärmesenke eingeführt werden um die experimentell ermittelte Nahtgeometrie zu erhalten.

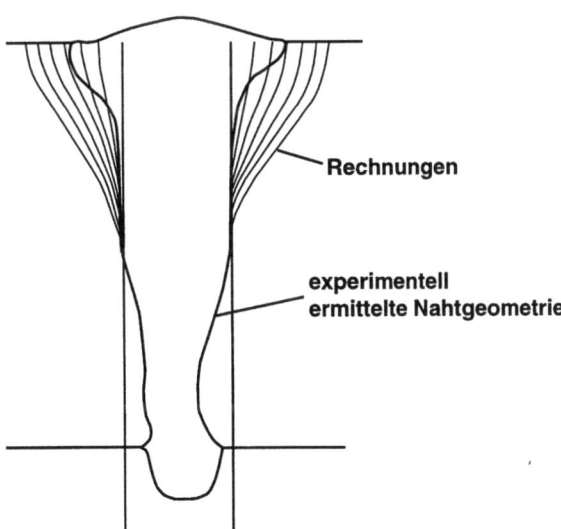

Abb. 9.4.2   Vergleich von experimentell ermittelter und berechneter Nahtgeometrie. Bei der Berechnung wurde eine Linienquelle mit einer Punktquelle an der Oberfläche überlagert /Steen/

Durch eine Überlagerung von Plasma- und Fresnelabsorption können die oben angeführten Punkte weitgehend beschrieben werden (siehe Kapitel 8.3). Hierzu ist die Zylinderoberfläche nicht mehr als homogene Energiequelle anzusetzen, sondern als eine leicht konische Oberfläche mit einer inhomogenen Energieverteilung. Diese ergibt sich durch die verstärkte Plasmaabsorption im oberen Kapillarbereich. Die im Plasma absorbierte Strahlungsleistung wird verstärkt an die Kapillarwände und Rückseite abgegeben. Die Strahlleistung, welche den unteren Teil der Kapillare erreicht, ist um den im Plasma absorbierten Teil verringert. Dies führt zwangsläufig zu einer schlankeren Nahtgeometrie im unteren und einer breiteren Nahtgeometrie im oberen Kapillarbereich.

Abb. 9.4.3 zeigt eine inhomogene Energieverteilung auf eine konische Kapillarwand wie sie durch Überlagerung von Plasma- und Fresnelabsorption entstehen kann. Weiterhin ist die hieraus berechnete Nahtquerschnittsfläche eingezeichnet.

Die in Abb. 9.4.3 schematisch dargestellte Absorptionsverteilung zeigt folgenden Zusammenhang:

- Der überwiegende Absorptionsmechanismus ist die Fresnelabsorption. Sie erfolgt vornehmlich an der Kapillarfront und nimmt in die Tiefe hin durch die Schwächung der Strahlung im Plasma ab.

- Die Plasmastrahlung erfolgt in 2π. Der Betrag der Absorption ist somit an Front, Rückseite und Seite gleichgroß. Sie nimmt entsprechend der Plasmaabsorption zur Kapillarunterseite hin ab.

- Die Wandrekombination nimmt von den Kapillarwänden zur Rückseite hin zu und mit der Plasmabildung ebenfalls nach unten hin ab.

- Fresnelabsorption durch Mehrfachreflektion tritt verstärkt im unteren Bereich der Kapillaren auf. Sie ist relativ gleichmäßig über Front, Rückseite und Seitenwände verteilt.

Eine numerische Berechnung der Nahtgeometrie für die sich aus den Kapiteln 4.2, 4.3, 5.2 und 8.3 ergebenden Plasmaabsorption als Funktion der Kapillartiefe ist in Abbildung 9.4.3 dargestellt.

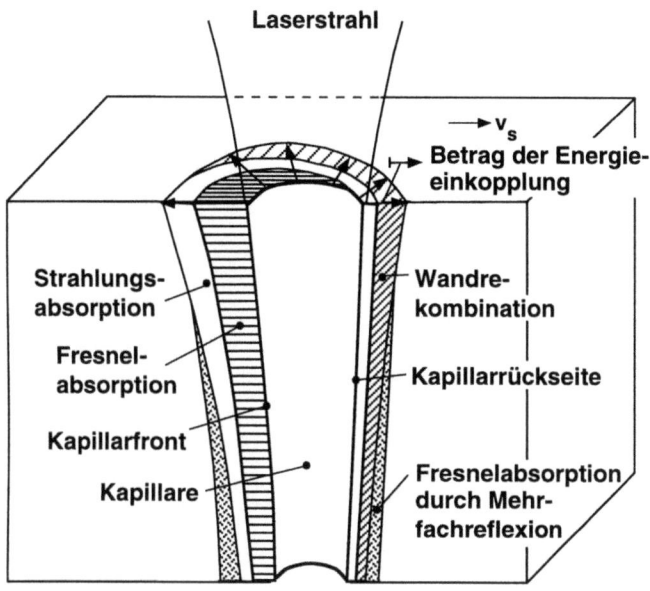

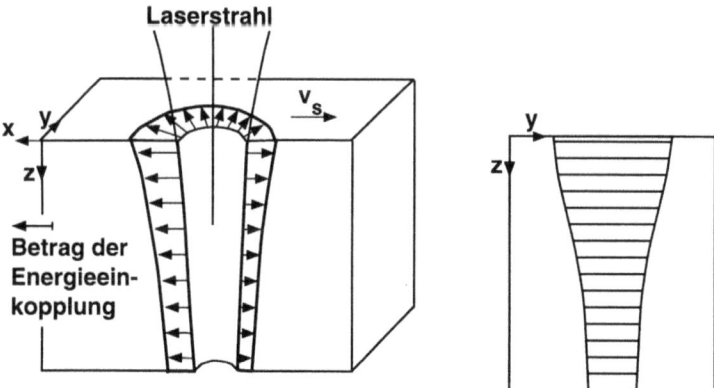

Abb. 9.4.3 Dargestellt ist schematisch der Betrag der unterschiedlichen Mechanismen zur Energieeinkopplung. Die Pfeile geben den Gesamtbetrag an. Dargestellt ist fernerhin eine berechnete Nahtquerschnittsfläche, welche den in Abb. 9.4.1 dargestellten experimentellen Ergebnissen sehr nahe kommt.

10. Schmelzbadbewegung

Die Strömungsverhältnisse innerhalb des Schmelzbades können mit Hilfe von implementierten Kontrastwerkstoffen sichtbar gemacht werden. Arata /10.0.3/ hat zu diesem Zweck Wolfram-Partikel dem Schmelzgut zugeführt und deren Bewegung mit Hilfe von Röntgenaufnahmen verfolgt. Eine weniger aufwendige, jedoch nicht so aussagekräftige Methode ist die Analyse der Verteilung eines Kontrastwerkstoffes im Schmelzgut durch die Erstellung von Schliffbildern. Die Verteilung der erstarrten Spurmaterialien im Schmelzbad in Verbindung mit der relativen Position vor der Aufschmelzung lassen Rückschlüsse auf die Erstarrungsfront und Schmelzbadausdehnung, sowie auf die dominierenden Strömungsverhältnisse in der Schmelze zu /10.0.4/10.0.5/. Zu berücksichtigen ist allerdings, daß mit Aufschmelzen der Kontrastmittel ein Ausgleich des Konzentrationsgefälles der Legierungsbestandteile /10.0.6/ zu Oberflächenströmungen an der Schmelzfront führen kann (chemischer Marangoni-Effekt). Hieraus ist abzuleiten, daß Kontrastmittel sich unmittelbar an der fest/flüssigen Phasenfront aufmischen, bzw. verteilen. Die Erstarrungsprofile der Spurmaterialien beruhen daher auf der Überlagerung dieser Aufmischung mit den Strömungsvorgängen im Schmelzbad.

Bei Schweißungen in Stahl eignen sich als Kontrastwerkstoffe besonders Nickel (Ni) und Edelstahl X5 Cr Ni 18 10 (1.4301), die bei makroskopischer Schliffauswertung einen ausreichenden Kontrast zum Grundgefüge ausweisen. Aufgrund der dem Probenwerkstoff ähnlichen Schmelztemperaturen (Tabelle 10.0.1) führen Sie nicht zu merklicher Prozeßbeeinflussung.

Tab. 10.0.1: Stoffwerte des Grundmaterials St 52-3 und der Kontrastwerkstoffe Ni und 1.4301 (Rt = Raumtemperatur 25° C) /10.0.7/10.0.8/

			St 52-3	Nickel	1.4301
Dichte (RT)	ρ	kg/m^3	7860	8800	7930
Schmelztemperatur	T_m	C°	1536	1435	1455
Verdampfungstemperatur	T_v	C°	2860	3177	2773
Wärmeleitfähigkeit (RT)	K	W/(m K)	45	91	16.3
Wärmekapazität (RT)	c_p	J/(kg K)	715	783	490
Temperaturleitfähigkeit (RT)	κ	m^2/s	$8.0 \cdot 10^{-6}$	$13.2 \cdot 10^{-6}$	$4.2 \cdot 10^{-6}$

Der Kontastwerkstoff kann auf unterschiedliche Art zugefügt werden. Beispielsweise werden Streifen von Nickelfolien in Einfräsungen in der Fügelinie befestigt oder Folien an der Ober- und Unterseite der Schweißproben angebracht (Abb. 10.0.1). Eine weitere Möglichkeit ist das Einbringen von Nickeldrähten in unterschiedlichen Positionen (Abb. 10.0.1). Die Auswertung kann mit Hilfe von Schliffbildern in 3 verschiedenen Richtungen erfolgen (Abb. 10.0.2) /10.0.9/.

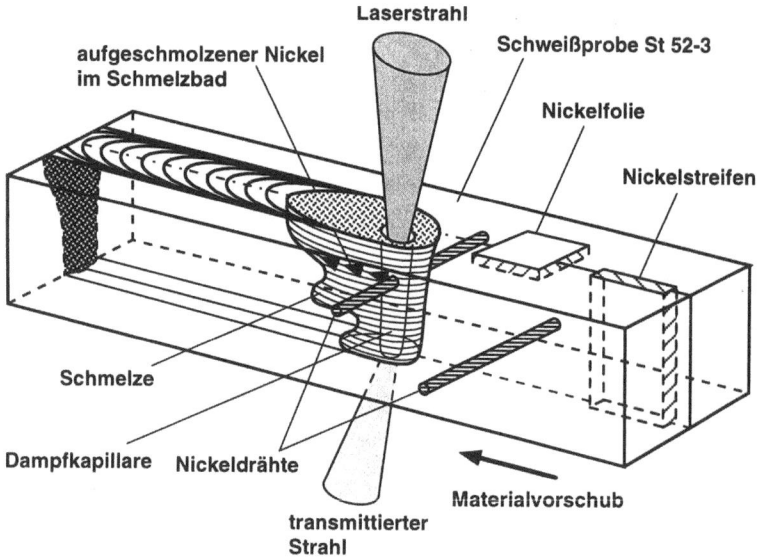

Abb. 10.0.1   Möglichkeiten der Einbringung von Konstrastwerkstoffen in das Schmelzbad

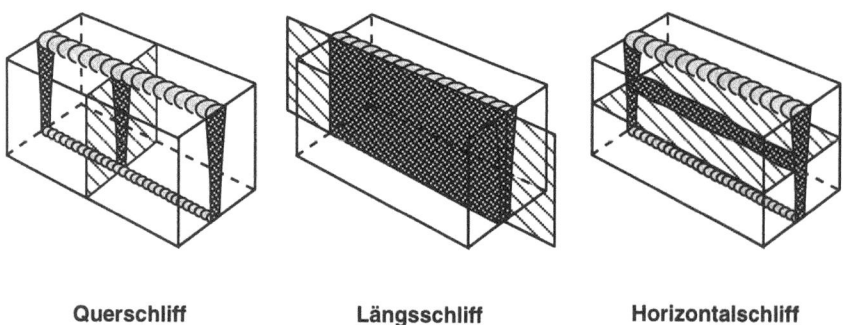

Abb. 10.0.2   Bestimmung der Schmelzbewegung durch Auswertung von Schliffbildern in drei Ebenen /10.0.9/

10.1 Schmelzströmung

Die Schmelzströmung kann in eine horizontale und eine vertikale Strömung unterteilt werden. Das an der fest/flüssigen Phasenfront erschmolzenen Materialvolumen wird im Schmelzfilm um die Kapillare herum mit der Strömungsgeschwindigkeit v_{Str} in das rückwärtige Schmelzbad transportiert. Die Strömungsgeschwindigkeiten im Schmelzbad seitlich der Kapillaren reichen von Null an der Grenze des Phasenüberganges fest/flüssig, an der die Viskosität der Schmelze gegen Unendlich geht, bis hin zu einer maximalen Geschwindigkeit am Kapillarrand, an dem die geringste Viskosität der Schmelze vorliegt. Die mittlere Strömungsgeschwindigkeit v_{Str}^* im Schmelzfilm seitlich der Kapillaren kann für diskrete Z-Lagen im Werkstück aus der Kontinuitätsgleichung für inkompressible Flüssigkeiten /10.1.1/ bestimmt werden.

$$v_{str}^* = v_s \frac{d_s + r_F}{d_s} \qquad (10.1.1)$$

Da mindestens das in Schweißrichtung vor der Kapillare liegende Volumen durch die Randschicht 2 (d_s - r_F) strömen muß, ergeben sich maximale Strömungsgeschwindigkeiten, die einen Faktor 5-10 größer sein können als die Schweißgeschwindigkeiten (Abb. 10.1.1).

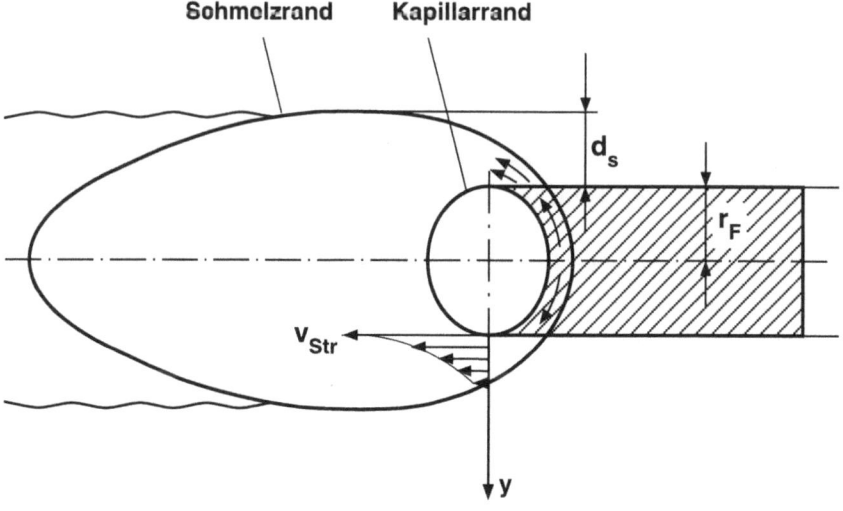

Abb. 10.1.1 Dargestellt ist schematisch die Geschwindigkeitsverteilung der Schmelze um die Kapillare herum.

Die Strömungsgeschwindigkeit wächst überproportional mit der Schweißgeschwindigkeit. Dies wird tendentiell durch numerische Modellrechnungen von Beck et. al. /10.1.2/ bestätigt. Diese beruhen auf einer näherungsweisen Bestimmung der Schmelzbadbreite durch die Lösung einer Energiebilanz nach Klemens /10.1.3/. Typische Geschwindigkeiten liegen durchaus in der Größenordnung von $v_{Str} \approx 1$ m/s.

Der Druckgradient ΔP_s in der Schmelze, welcher erforderlich ist diese Geschwindigkeiten zu erzeugen, liegt für Fe ($\rho_{Fe} \approx 7{,}8 \cdot 10^3$ kg/m^3) bei

$$\Delta P = \rho/2 \cdot v_{str}^2 \leq 4 \cdot 10^3 \, Pa \qquad (10.1.2)$$

Diese Druckdifferenzen können durch Schubspannungen an der Oberfläche (Marangoni-Effekt) oder durch den Rückstoßdruck bei Verdampfung erzeugt, bzw. überschritten werden.

Neben der Horizontalströmung um die Kapillare herum bildet sich im Bereich der Kapillarfront eine vertikale Strömung aus. Diese ist im wesentlichen auf den Dampfdruck in Kombination mit Inhomogenitäten der Kapillarfront zurückzuführen (siehe Kap. 6.2, Abb. 6.2.7 und Abb. 6.2.8).

Abbildung 10.1.2 zeigt Querschliffe von Schweißnähten, in welche zuvor Nickelstreifen der Dicke 0,05 mm entsprechend Abb. 10.0.1 eingebracht wurden. Sowohl bei der Ein- als auch bei der Durchschweißung ist eine Konzentration des Nickels im unteren Bereich der Naht zu erkennen. Da im oberen Gebiet der Naht kaum, bzw. kein Nickel zu erkennen ist, muß das Schmelzgut aus den Randgebieten der Kapillare stammen.

Wird eine Nickelfolie an der Oberseite des Bleches angebracht, so ist nach der Schweißung im Schliff eine nahezu vollständige Verteilung des Nickel in der Naht zu erkennen. Das Nickel im Bereich der Kapillarfront wird offensichtlich nach unten transportiert, während sich das Nickel aus den Randbereichen im oberen Teil der Schmelze verteilt.

Nickel, welches vor der Schweißung an der Nahtunterseite befestigt wurde, verteilt sich im gesamten unteren Schweißnahtbereich (Abb. 10.1.3). Bei dünneren Blechen (z. B. d<3mm) kann es von der Unterseite bis zur Nahtoberraupe vordringen. Beim Auftreten des Humping-Effektes (Kap. 10.2) tritt das Nickel sogar verstärkt in den Aufwürfen an der Nahtoberseite auf.

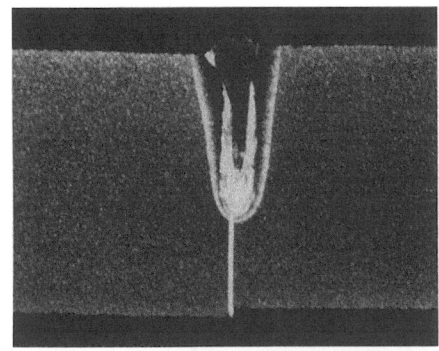

$P_L = 10$ kW

$v_S = 6$ m/min

$d = 6$ mm

St52/3

Ni-Folie 0,05 mm

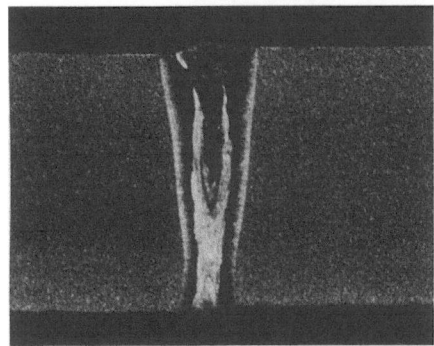

$P_L = 10$ kW

$v_S = 4$ m/min

$d = 6$ mm

St52/3

Ni-Folie 0,05 mm

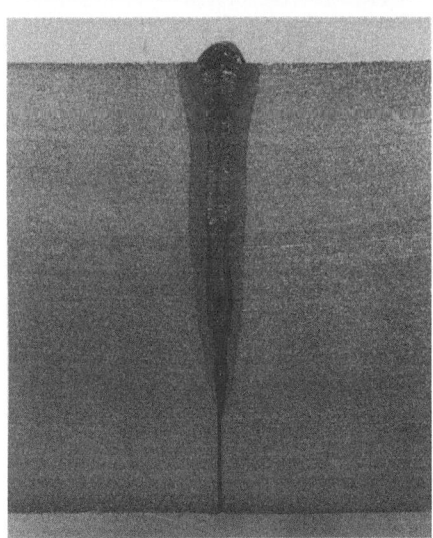

$P_L = 15$ kW

$v_S = 1,9$ m/min

$d = 20$ mm

St52/3Ni-Folie 0,05 mm

Abb. 10.1.2 Dargestellt sind Querschliffe von Schweißnähten, in welcher zuvor Nickelstreifen der Dicke 0,05 mm eingebracht wurden. Durch die Abwärtsströmung an der Front ist eine Konzentration des Nickels im unteren Nahtbereich zu erkennen

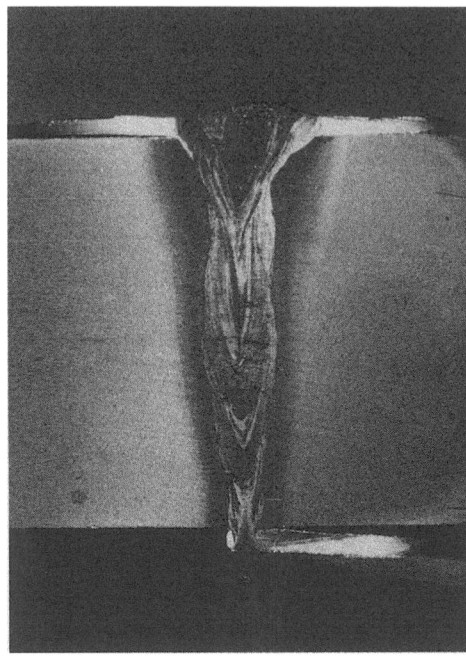

Abb. 10.1.3. Querschliff einer Schweißung bei der zuvor an Blechober- und Unterseite Nickelfolien befestigt wurden.

Das Einbringen von feinen Nickeldrähten in das zu schweißende Blech (Abb. 10.0.1) ermöglicht eine detaillierte Untersuchung des Materialtransportes. Aufgrund des geringen Nickelanteiles ist der Kontrast besonders bei größeren Blechdicken gering. In Abbildung 10.1.4 ist nur das Auftreten der stärkeren Nickelschlieren dargestellt. Von Bedeutung bei dieser Untersuchungsmethode ist ebenfalls, ob der Längsschliff im Randbereich oder der Mitte angefertigt wird (vergleiche Abb. 10.1.2).

Die Längsschliffe von Durchschweißungen lassen erkennen, daß sich im Schmelzbad eine obere Schmelzzone ausbildet, die deutlich länger ist als der darunter liegende Teil des Schmelzbades. Für diese Zone fällt die Hauptströmungsrichtung mit der Vorschubrichtung zusammen.

Im unteren Bereich zeigt sich bei dünnen Blechen (5 mm) wieder die Verlängerung des Schmelzbades zur Blechunterseite hin, allerdings scheint die Strömung insgesamt mehr zu einer Verwirbelung zu neigen: die Nickelschlieren, die vom unteren Draht ausgehen, ordnen sich zwar überwiegend hinter der Drahtposition an, sind aber auch ober- und unterhalb und teilweise vor der Drahtposition zu finden.

Schmelzströmung

Charakteristisch für dickere Bleche (10 mm) ist, daß außer den beiden Zonen des Schmelzbades, die bei den 5 mm Blechen beobachtet werden können, noch eine dritte Zone auftritt. Diese zeigt sich, nicht immer gleich deutlich, in der Mitte des Schmelzbades und grenzt sich gegen die obere und untere Zone durch Einschnürung ab. Das Schmelzbad hat also etwa in der Blechmitte eine "Ausbauchung".

Die Abbildung 10.1.5 zeigt den Längsschliff einer Durchschweißung, bei der an der Oberseite eine Nickelfolie angebracht wurde. Zu sehen sind Nickelschlieren, welche eine ausgeprägte "Schmelzschleppe" an der Oberseite erkennen lassen. Unterhalb der Schmelzschleppe ist eine Einschnürung zu sehen, an die sich eine "Ausbauchung" im mittleren Nahtbereich anschließt. Die Nickelschlieren reichen nicht bis zur Nahtwurzel. Dies deutet darauf hin, daß im unteren Bereich eine Gegenströmung erfolgt. Die vereinzelt erkennbaren Poren haben sich offensichtlich in dem Bereich gebildet, wo sich die Strömung von der Unter- und Oberseite treffen. Wie die Querschnitte in Abbildung 10.1.2 erkennen lassen, ergeben sich unterschiedliche Bilder bei Längsschliffen in der Mitte oder im Randbereich der Naht. Insbesondere bei kleineren Blechdicken (d<5mm) kann Material im Schmelzbad von der Nahtoberseite bis in die Wurzel und umgekehrt transportiert werden.

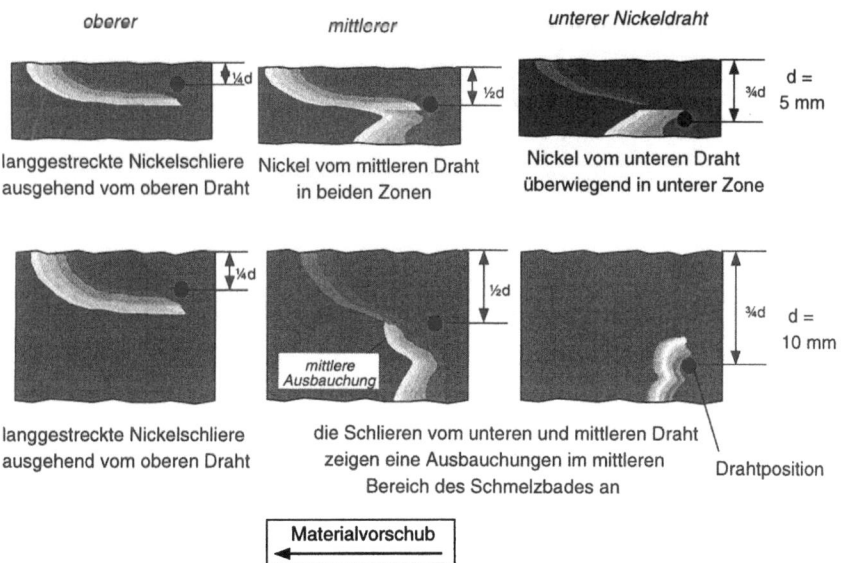

Abb. 10.1.4 Typische Anordnung der Nickelschlieren im Längsschliff durch die Nahtmitte /10.0.9/

Die Ausdehnung des Schmelzbades ergibt sich, wenn als Front die Vorderkante der Nickelfolie angenommen wird. Das Gebiet vor dieser Front läßt auf eine abwärtsgerichtete Strömung an der Kapillarfront schließen. In Abbildung 10.1.6 sind die Strömungsverhältnisse im Schmelzbad einer Durchschweißung schematisch dargestellt. Um die Dampfkapillare bildet sich an der Oberfläche eine leichte Einbuchtung, im Bereich der Schmelzschleppe eine leichte Aufwölbung aus. Die Schmelze strömt um die Kapillare herum in Richtung der Schleppe. An der Kapillarfront bildet sich eine nach unten gerichtete Strömung aus. In der Ausbauchung befindet sich ein Wirbel mit verstärkter Strömung nach oben. Dieser trifft auf eine Gegenströmung, welche vom Ende der Schleppe kommt. Im Bereich der Nahtwurzel befindet sich ebenfalls eine Schleppe mit einer Wirbelbildung im Grenzbereich zwischen Ausbauchung und unterer Schleppe. In diesem Bereich bilden sich besonders häufig Poren aus.

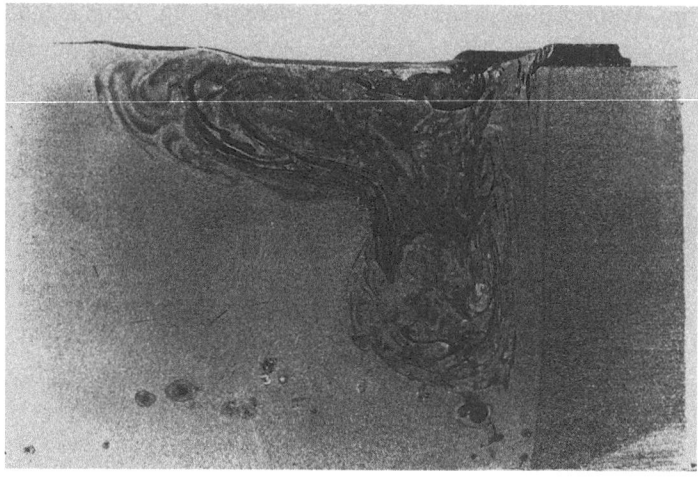

Abb. 10.1.5 Längsschliff einer Schweißnaht bei der an der Oberseite des Bleches Nickelfolie angebracht wurde. In dem Moment, wo die Schmelzfront die Nickelfolie erreichte, wurde der Laserstrahl abgeschaltet und somit der Zustand eingefroren.

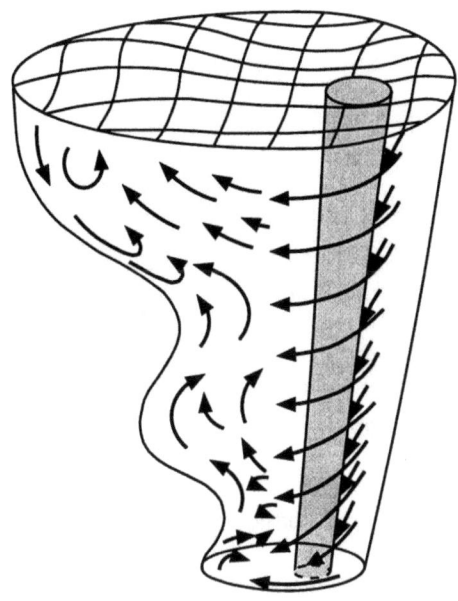

Abb. 10.1.6 Schematische Darstellung der Störmungsverhältnisse in eiem Schmelzbad wie sie sich aus den Konstrastwerkstoffuntersuchungen ergibt.

10.2 Humping Effekt

Beim Überschreiten einer kritischen prozeßparameterabhängigen Geschwindigkeit treten Instabilitäten in der Schmelzbewegung auf. Diese sind durch eine teilweise periodische Tropfenbildung an der Nahtoberseite gekennzeichnet. Bei dünnen Blechen kann es vor dem Tropfen zu einer Lochbildung (Abb.10.2.1), bei dickeren Blechen zu einer verstärkten Porenbildung kommen. Diese Form der Schmelzaufwürfe (Tropfenbildung) wird in der Literatur als Humping-Effekt bezeichnet /10.0.1/10.0.2/.

Neben dem Laserstrahlschweißen /10.2.1 - 10.2.7/ wurde die Ausbildung des Humping beim Elektronenstrahlschweißen /10.2.8 - 10.2.11/ und Lichtbogenschweißen /10.2:12 - 10.2.15/ nachgewiesen.

Eine Einteilung der Publikationen erfolgt nachstehend auf der Basis der für die Entstehung von Humping erörterten Mechanismen:

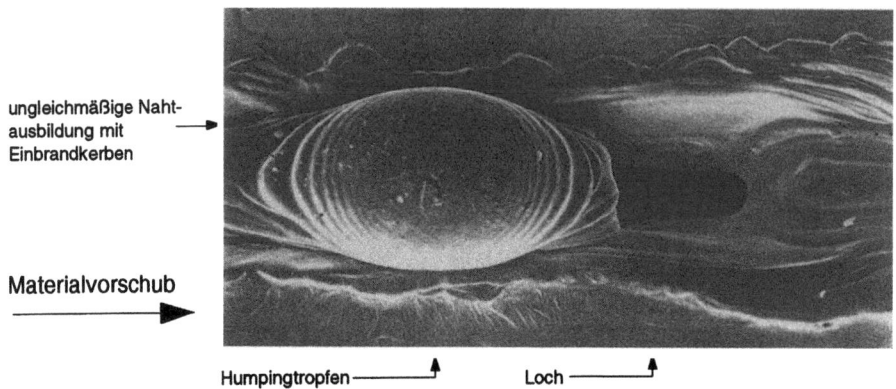

Abb. 10.2.1 Draufsicht auf einen Humpingtropfen. Blechdicke 0,2 mm (Weißblech)

- Unabhängig von den genannten Schweißverfahren wird Humping von unterschiedlichen Autoren /10.2.1/10.2.3/10.2.8/10.2.12/ auf die Rayleigh-Theorie des zylindrischen Flüssigkeitsstrahles zurückgeführt. Diese wird auf das Schmelzbad hinter der Kapillaren angewendet (ohne Berücksichtigung einer Dampfkapillaren), wobei der gedachte Flüssigkeitszylinder in Schweißrichtung liegt und über sich frei einstellende Berandungen verfügt.

Die Instabilität des zylindrischen Flüssigkeitsstrahles ist für den Fall gegeben, daß durch Zerlegung in nicht zu kleine Tropfen die Oberfläche des dünnen langen Zylinders verkleinert werden kann. Der Zerfall wird dadurch eingeleitet, daß bei Abweichungen des Zylinderdurchmessers von seinem Mittelwert im Inneren an den dünnen Stellen durch die Oberflächenspannung ein höherer Druck erzeugt wird als an den dickeren, wodurch der flüssige Inhalt zu den dickeren Seiten hingetrieben wird. Die dünne Stelle zieht sich dabei stäbchenartig in die Länge und schnürt sich von dem großen Tropfen ab /10.2.16/10.2.17/.

Als grundlegendes Instabilitätskriterium ergibt sich die Zerfallslänge L_s eines Flüssigkeitsstrahles /10.2.16/.

$$L_S = 3.0 \cdot v_{str} \cdot \sqrt{\frac{\rho \cdot D^3}{\sigma}} \qquad 10.2.1$$

v_{str} = Strömungsgeschwindigkeit des Fluids
ρ = Dichte des Mediums
D = Durchmesser des Flüssigkeitsstrahles
σ = Oberflächenspannung des Fluids

Auf das Schweißen übertragen ist die Instabilität bei entsprechend schlanken und langen Schmelzbadgeometrien gegeben, wodurch bereits infinitesimal kleine Störungen ein Aufbrechen des Schmelznachlaufes in einzelne (Humping-)Tropfen bewirken. Tsukamoto et al. /10.2.8/ weisen nach, daß die Schmelzschleppe in einzelne Tropfen zerfällt, sofern die Länge L_s des schlauchförmigen Schmelzbades größer als dessen Umfang u_s ist.

Im Vergleich zum Lichtbogen- und Elektronenstrahlschweißen, wo die Bereiche der Humpingausbildung für unterschiedliche Prozeß- und Werkstoffparameter hinlänglich bekannt sind, wird die Rayleigh-Theorie mangels ausreichender experimenteller Untersuchungen zur Ausbildung von Humping beim Schweißen mit CO_2-Laserstrahlung exemplarisch auf einige wenige Betriebspunkte angewendet. Während Kroos et al. /10.2.3/ in dieser Modellvorstellung eine ausreichende Näherung zum Experiment sehen (Werkstückdicke 1mm), weist Albrigt /10.2.1/ auf die Unzulänglichkeit (unzureichende Übereinstimmung mit dem Experiment) der Beschreibung des Humping-Effektes durch die Rayleigh-Instabilität im Bereich der Feinstblechbearbeitung hin.

- Foley et al. /10.2.18/ stellen eine Korrelation zwischen der Entstehung von Humping und der Froude Zahl Fr fest, die das Verhältnis von Trägheits- zu Gewichtskräften angibt /10.2.19/.

Die Froude Zahl wird auf die Schmelzschleppe hinter der Kapillaren angewendet. Inwieweit eine Charakterisierung der Humping-Instabilität durch die Froude Zahl zulässig ist, wurde nicht erörtert. Für Froude Zahlen < 2.0 gilt die Entstehung von Humping als unterbunden. Dies impliziert, daß in Vorschubrichtung lange Schmelzbadgeometrien die Humpingneigung reduzieren, womit eine zur Anwendung der Rayleigh-Theorie völlig konträre Darstellung gegeben ist.

- Im Gegensatz zu den genannten, ausschließlich auf das Schmelzbad bezogenen Ansätzen wird in der Modellvorstellung von Beck et al. /10.2.20/ die Umströmung einer Dampfkapillare berücksichtigt.

  Finite-Element-Rechnungen der Schmelzströmung (2-dimensional) zeigen bei hohen Prozeßgeschwindigkeiten die Ausbildung eines auf die Erstarrungsfront gerichteten Flüssigkeitsstrahles. Dieser erzeugt dort ein Staugebiet mit erhöhtem Druck und wird ursächlich für die Ausbildung von Humping-Tropfen am Schmelzbadende angesehen /10.2.20/.

  Der Schmelzfluß in Richtung Schmelzbadende wird als stetig angenommen, was aus dem Anwachsen eines Nahtauswurfes (Hump) über einen Zeitraum vom mehreren Millisekunden abgeleitet wird.

- Arata /10.2.21/ führt beim Elektronenstrahlschweißen die Humping-Instabilität auf Fluktuationen der Kapillare zurück. Verengungen der Kapillare entstehen durch Rückfluß von erschmolzenem Metall (durch Eigengewicht) in die Kapillare. Mit dem zunehmendem Verschließen der Kapillaröffnung steigt der Druck in der Kapillare, und es kommt zum Herausdrücken von schmelzflüssigem Metall in Form einer Schmelzwelle, die zur Bildung des Humping-Tropfens führen kann.

  Das Phänomen der Humpingausbildung ist mit dem Zeitverhalten des Elektronenstrahles gekoppelt und ist demzufolge nicht unmittelbar auf das Laserstrahlschweißen übertragbar.

  Die zum Teil differierenden Modellvorstellungen lassen erkennen, daß in Hinblick auf eine einheitliche oder zumindest auf vorgegebene Prozeßparameter abgestimmte Modellvorstellung zur Humping-Instabilität explizite Untersuchungen zum Auftreten der Schmelzaufwürfe in Abhängigkeit von den Prozeß- und Strahlparametern beim Laserstrahlschweißen erforderlich sind.

Abbildung 10.2.2 zeigt eine Prinzipdarstellung der Kapillar- und Schmelzbadausbildung, sowie der vorherschenden Strömungsvorgänge für eine Schweißung mit und ohne Humping. Die Längsschliffe zeigen Schlieren, welche durch Kontrastmaterial entstanden sind. Diese ermöglichen eine Aussage über die Schmelzbadgeometrie und Strömungsverhältnisse.

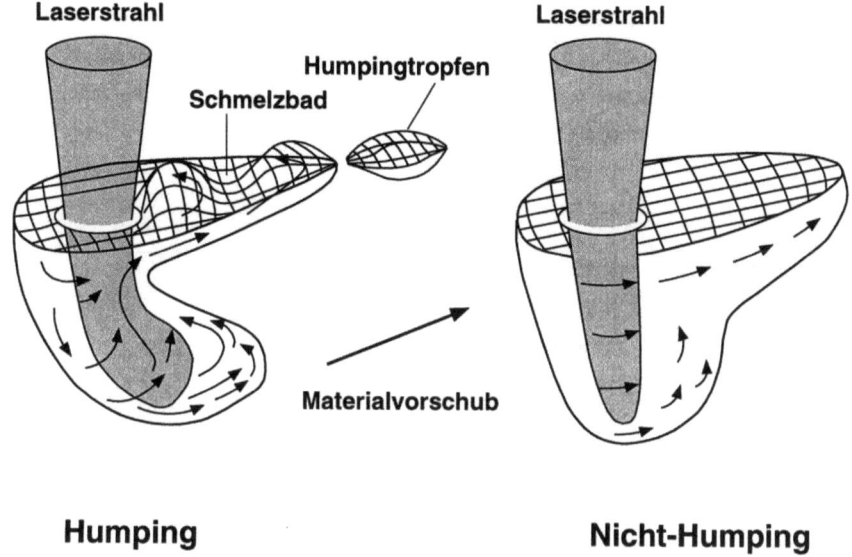

Abb. 10.2.2   Prinzipdarstellung der Kapillar- und Schmelzbadausbildung sowie der vorherrschenden Strömungsverhältnisse für Schweißungen mit und ohne Humping.

In dem Parameterbereich, in welchem der Humping-Effekt auftritt, ist eine verstärkte Ausbauchung des Schmelzbades zu erkennen. Der erschmolzene Kontrastwerkstoff strömt von der Nahtunterseite bis zur Nahtraupe. Abbildung 10.2.3 zeigt, daß sich der an der Nahtunterseite eingebrachte Kontrastwerkstoff sogar verstärkt im Schmelzaufwurf (Hump) wiederfindet.

Die in Abbildung 10.2.2 dargestellte Ausbauchung, bzw. Einschnürung des Schmelzbades kann durch die Strahlfokussierung, insbesondere durch die Fokuslage verstärkt werden (Vergleiche Abb. 6.1.2).

Liegt der Fokuspunkt des Laserstrahles oberhalb der Werkstückoberfläche, so ergibt sich eine nahezu parallele Kapillargeometrie. Durch Verlagern des Fokuspunktes geringfügig unter die Werkstückoberfläche ($\Delta z=-0,5$) kann zwar eine größere Einschweißtiefe erreicht werden, jedoch hat dies eine Einschnürung der Kapillaren im oberen Bereich zur Folge. In diesem Fall tritt verstärkt Humping auf.

kein Humping	Humping
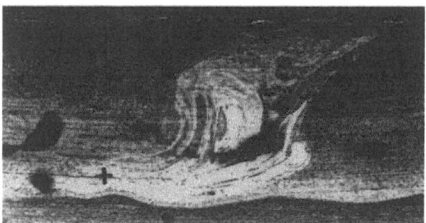	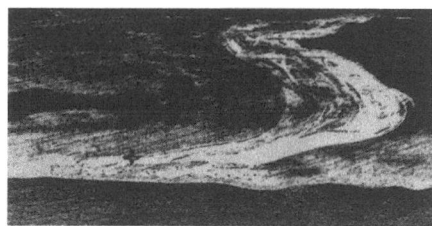

Strahlleistung P_L :	5.4 kW	Material :	St52-3
Fokussierkennzahl F :	4.2	Kontrastmaterial :	1.4301
Fokusradius r_F :	145 µm	- dicke :	1 mm
Fokuslage Δz :	-0.5 mm (Humping)	- positon :	+
Prozeßgeschwindigkeit v_S :	3 m/min (kein Humping)		
	3.6 m/min (Humping)		

Abb. 10.2.3 Längsschliff einer Einschweißung. Das Kontrastmaterial, welches an der Unterseite (Kreuz) eingebracht wurde, ist bis an die Oberseite geströmt /10.0.1/10.0.2/.

Liegt der Fokuspunkt tiefer im Werkstück, so wird die Einschnürung wieder geringer und der Humping-Effekt tritt nur noch vereinzelt auf. Der Längsschliff in Abbildung 10.2.4 zeigt, daß mit der Einschnürung der Kapillare auch eine starke Ausbauchung verbunden ist.

Der Humping-Effekt kann in zwei unterschiedliche Formen unterteilt werden:

1. Die Naht zeigt periodiche Aufwürfe an der Oberseite mit partiellem Einfall an der Unterseite, sowie mit einzelner Lochbildung.

2. Die Naht zeigt an der gesamten Oberseite eine Überhöhung, der Aufwürfe überlagert sind. An der Unterseite liegt ein erheblicher Wurzelrückfall vor.

In Abbildung 10.2.5 sind diese Nahtformen schematisch dargestellt. Zur Untersuchung der Humping-Bildung, insbesondere für den Typ 2 ist die Schmelzfilmberandung zu betrachten.

Die geometrische Form der Dampfkapillare wird durch die Integration des lokalen Kräftegleichgewichtes (Gl. 10.2) an einem Flächenelement der gekrümmten Kapillaroberfläche beschrieben /10.2.22/.

$$p_D + \rho_g v_g^2 = P_F + \rho_m v_m^2 - 2\mu \frac{\partial v_m}{\partial n} + \sigma(T)\left(\frac{1}{R_1} + \frac{1}{R_2}\right) \qquad 10.2$$

- Der lokale Impulsübertrag pro Flächenelement durch Metalldampf setzt sich zusammen aus der regellosen thermischen Bewegung p_D und aus dem Massenstrom der aus der Verdampfung und Kondensation an der Kapillaroberfläche resultiert g v_g^2.

- Der Impulsübertrag durch die schmelzflüssige Phase ergibt sich durch den isotropen Flüssigkeitsdruck p_F und dem durch die Scherkräfte verursachten Beitrag der Verzögerung der Normalkomponente der Strömung v_m an der Kapillarwand $2\mu \frac{\partial v_n}{\partial m}$ sowie dem durch die Verdampfung bzw. Rekondensation ausgeübten Druck $\rho_m v_m^2$. $\rho_m v_m^2$ ist aufgrund des großen Dichteunterschiedes zwischen flüssiger und dampfförmiger Phase stets zu vernachlässigen gegenüber $\rho_g v_g^2$. Der Term $2\mu \frac{\partial v_m}{\partial n}$ ist für praktisch alle Strömungsverhältnisse zu vernachlässigen

- Die Impulsüberträge durch die flüssige Phase und den Metalldampf unterscheiden sich um den Krümmungsdruck der Oberfläche.

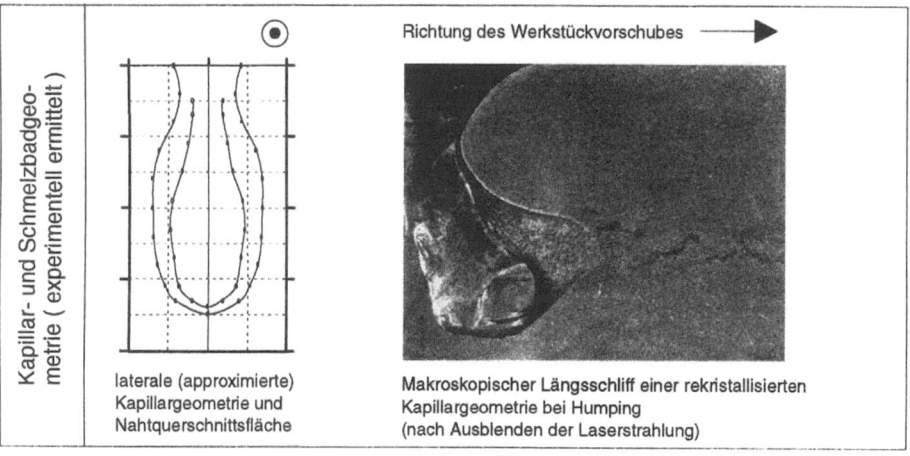

Abb. 10.2.4   Kapillargeometrie und makroskopischer Längsschliff

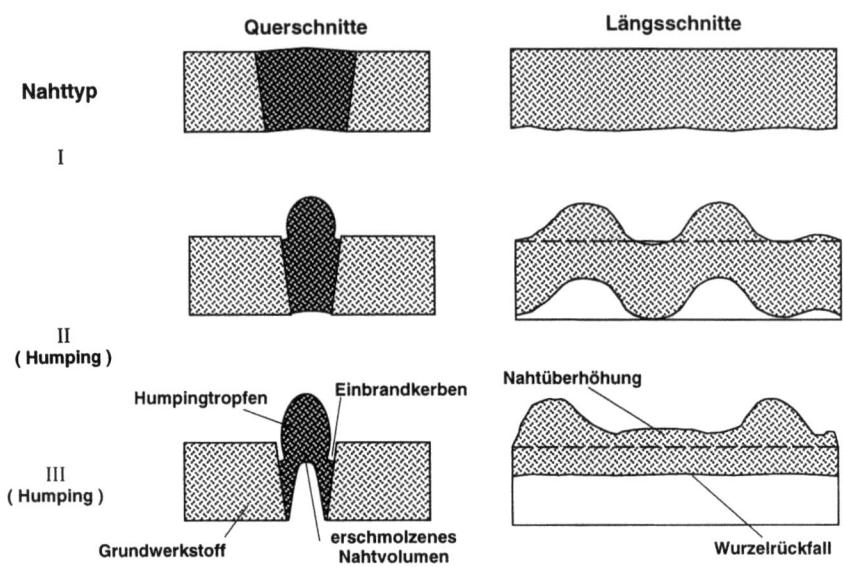

Abb.: 10.2.5 Prinzipdarstellung der Nahtausbildung für Schweißungen mit guter Nahtqualität und Humping im Falle einer Durchschweißung

- Der Kapillardruck an der gekrümmten Oberfläche wird durch die temperaturabhängige Oberflächenspannung σ(T) und die Hauptkrümmungsradien R_i, i=1,2 bestimmt $p_k = \sigma(T) \cdot (1/R_1 + 1/R_2)$.

Für den Fall einer humpingfreien Schweißung kann die Kapillargeometrie durch eine zylinderförmige Kontur (Abb. 10.2.6a) angenähert werden.

Modellrechnungen /10.2.22/ belegen, daß der Impulsübertrag aus der thermisch regellosen Bewegung p_D zu einem über dem gesamten Winkelbereich der Kapillaren weitgehend konstanten Überdruck führt und größenordnungsmäßig vom Kapillardruck p_K, der in dem zylinderähnlichen Teil der Kapillare durch den Hauptkrümmungsradius R_1 (unter Vernachlässigung von $1/R_2 \approx 0$) gebildet wird, kompensiert wird. Der aus der Schmelzbadströmung resultierende Druckverlauf entlang der Kapillarwand wird durch den aus der Verdampfung an der Front (0° < φ < 90°) sowie aus der Kondensation an der Kapillarrückwand bedingten Impulsübertrag kompensiert.

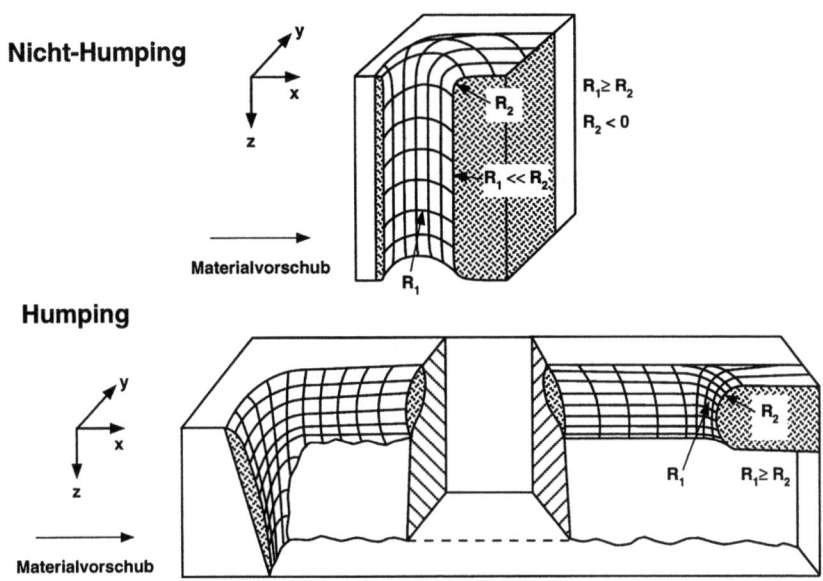

Abb. 10.2.6 Modellgeometrie der Kapillare und Schmelzfilmberandung a) für humpingfreie Schweißungen (zylinderförmiger Querschnitt) und b) für humpingbehaftete Schweißungen (ellipticher Querschnitt)

Im Bereich der Kapillaröffnung ändern sich die Krümmungsverhältnisse derart, daß sich die in gleicher Größenordnung liegenden und mit unterschiedlichen Vorzeichen behafteten Hauptkrümmungsradien zu Null addieren, bzw. bei $|R_1|>|R_2|$ mitunter sogar Druck auf die Schmelze ausüben können. Da durch die Krümmung im Bereich der Kapillaröffnung der Impulsübertrag durch den ausströmenden Metalldampf gleichfalls verringert ist, bewirkt (bezogen auf die Kapillaroberfläche) eine Kompensation durch den Kapillar- und Flüssigkeitsdruck auch hier ein lokales mechanisches Gleichgewicht an der gekrümmten Oberfläche.

Abbildung 10.2.6b zeigt für eine periodische Humping-Ausbildung die Kapillargeometrie und den nur oberflächennahen Schmelzfilm an den Flanken der Kapillare. Der verringerte Strömungsquerschnitt führt azimutal um die Kapillare (bei z=const.) zu höheren Strömungsgeschwindigkeiten und damit zu einem größeren Druckgradienten in der Schmelze, bzw. höherem Unterdruck (Druckabfall) der Kapillarrückwand zur Front /10.2.22/.

Die Hauptkrümmungsradien sind bei Humping (Abb. 10.2.6b) aufgrund der veränderten Schmelzfilmberandung im Bereich der Kapillarrückwand über der gesamten Schmelzbadtiefe grundsätzlich von gleicher Größenordnung ($|R_1|=|R_2|$), wehalb eine merkliche Kompensation des Druckes aus der Verdampfung durch den Kapillardruck nicht mehr stattfinden kann. Für $|R_1|>|R_2|$ können die Oberflächenkräfte sogar Druck auf die Schmelze ausüben.

Infolge des reduzierten Strömungsquerschnittes kommt es zudem bei bereits geringfügigen Änderungen der Schmelzfilmberandung zu gravierenden Druckvariationen im Schmelzfluß, die zeitabhängige Störungen des lokalen mechanischen Kraftgleichgewichtes induzieren können.

Der größere Druckabfall der Rückwand gegenüber der Front, die Ausrichtung der Oberflächenkräfte sowie zeitabhängige Druckvariationen im Schmelzfilm tragen somit zu dem für humpingbehaftete Schweißungen typischen Auseinanderziehen der Kapillargeometrie bei.

Zusätzliche Verdampfung an der auf zumindest Schmelztemperatur befindlichen Kapillarrückwand, durch an der Front reflektierte und auf das Schmelzbad gerichtete Strahlungsanteile, können dabei den Vorgang der elliptischen Kapillardeformation unterstützen.

Nicht-Humping

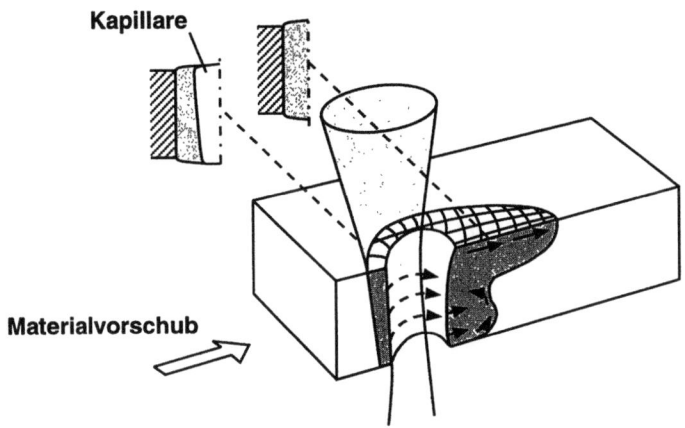

Humping

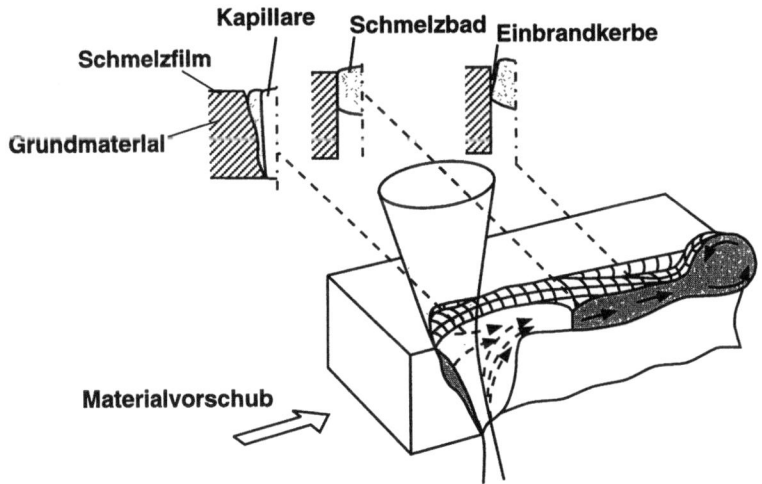

Abb. 10.2.7 Prinzipdarstellung der Kapillare- und Schmelzbadgeometrie sowie der vorherrschenden Strömungsvorgänge bei Schweißungen ohne und mit Humping bei Durchschweißung. Charakteristisch für Humping sind die in Vorschubrichtung längliche Kapillarausbildung, die Aufwärtsströmungen bei Umströmung der Kapillare sowie das lange auf den oberen Nahtbereich beschränkte Schmelzbad.

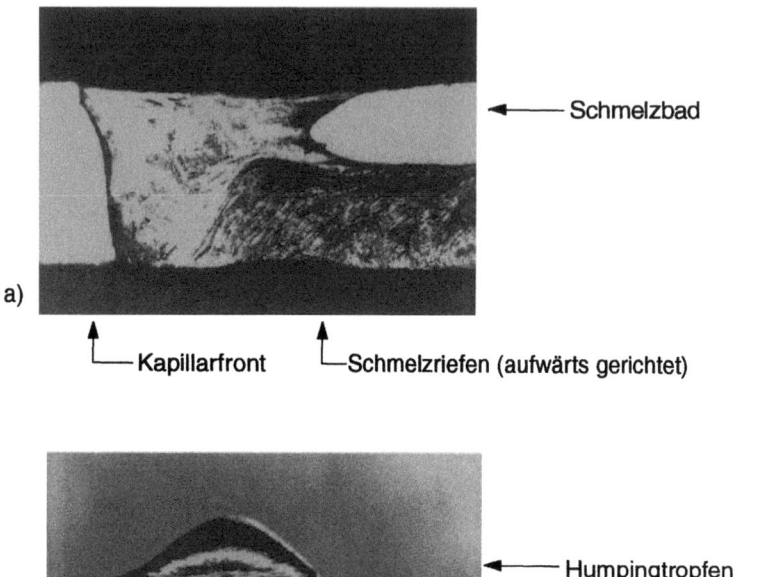

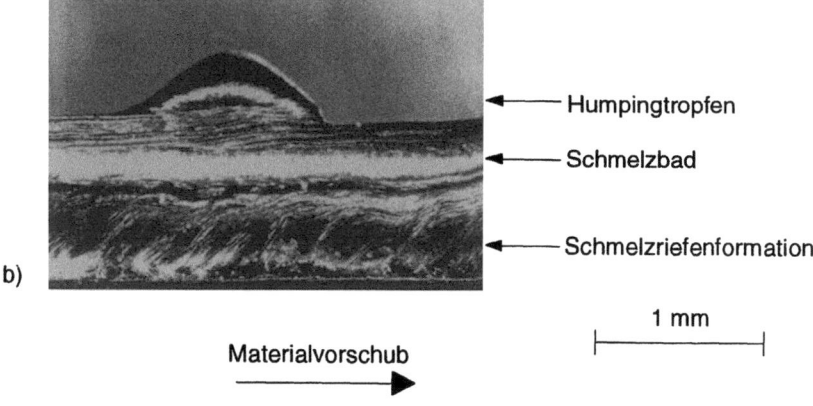

Abb. 10.2.8 Makroskopische Längsschliffe (a) einer nach Ausblenden des Laserstrahls rekristallisierten Kapillargeometrie und (b) einer Schweißnaht mit stark unterschiedlicher Schmelzriefenausbildung bei Humping (Nahttyp III) /10.0.1/10.0.2/

Anhang A: Wärmeleitung

Voraussetzung für eine Schweißung ist die Ausbildung einer schmelzflüssigen Phase. Hierzu muß die absorbierte Strahlungsleistung so groß sein, daß trotz der durch Wärmeleitung abgeführten Leistung Schmelztemperatur an der Werkstückoberfläche überschritten wird.

Die Wärmeleitungsgleichung in differentieller Form lautet

$$\rho_0 c_p \frac{\partial T}{\partial t} = \vec{\nabla}\left(K \vec{\nabla} T\right) + Q_w(x,y,z,t) + \vec{\nabla}\left(\rho_0 c_p T \vec{v}\right) \quad (A\,1.1)$$

$$K = \rho_0 c_p \kappa$$

Q_w : Wärmequelle

$\rho_0 c_p T \vec{v}$: konvektiver Wärmestrom

Beim Laserstrahlschweißen wird die Quelle (der Laserstrahl) im allgemeinen mit konstanter Geschwindigkeit v durch das Werkstück bewegt. Das Temperaturfeld wird dann meist im mit der Quelle mitbewegten Koordinatensystem betrachtet.

Der konvektive Term soll im folgenden deshalb stets durch eine konstante Vorschubgeschwindigkeit v in negative x-Richtung gegeben sein. Unter Annahme temperaturabhängiger Materialkonstanten folgt dann:

$$\frac{\partial T}{\partial t} - v \frac{\partial T}{\partial x} = \kappa \left(\frac{\partial^2 T}{\partial x^2} + \frac{\partial^2 T}{\partial y^2} + \frac{\partial^2 T}{\partial z^2}\right) + \frac{Q_w(x,y,z,t)}{\rho_0 c_p} \quad (A\,1.2)$$

Mit den Randbedingungen $T = T_0$ für $t \to -\infty$ und $x, y, z \to \pm \infty$ läßt sich die Temperaturverteilung im mit der Quelle mitbewegten Koordinatensystem allgemein angeben:

$$T(x, y, z, t) - T_0 = \frac{\kappa}{8K(\pi\kappa)^{3/2}} \int_{-\infty}^{\infty} \int_{-\infty}^{\infty} \int_{-\infty}^{\infty} \int_{-\infty}^{\infty} \frac{1}{(t-t')^{3/2}} Q_W(x', y', z', t')$$

$$exp\left\{ -\frac{(x - x' + v(t-t'))^2}{4\kappa(t-t')} + \frac{(y-y')^2 + (z-z')^2}{4\kappa(t-t')} \right\} dt' \, dx' \, dy' \, dz' \qquad \text{(A 1.3)}$$

Die meisten in der Lasermaterialbearbeitung auftretenden Wärmequellen sind Oberflächenquellen, die eine Leistung P_L in den Halbraum abstrahlen. Im vorgestellten Formalismus werden sie durch Volumenquellen simuliert, die eine Leistung 2 P_L in den gesamten Raum abstrahlen.

Die folgenden Wärmequellen werden in der Lasermaterialbehandlung am häufigsten eingesetzt:

- Punktförmige Wärmequelle Q_w

$$Q_w(x', y', z', t') = 2 P_L \, \delta_{(x')} \, \delta_{(y')} \, \delta_{(z')} \, \tau_{(t')} \qquad \text{(A 1.4)}$$

- Gaußförmige Wärmequelle Q_w

$$Q_w(x', y', z', t') = \frac{4 A_L P_L}{\pi r_F^2} exp - 2\left(\frac{x^2}{r_F^2} + \frac{y^2}{r_F^2} \right) \delta(z') \tau(t') \qquad \text{(A 1.5)}$$

- Ringmodeförmige Wärmequelle Q_w

$$Q_w(x', y', z', t') = \frac{8 A_L P_L}{\pi r_F^4}\left(x'^2 + y'^2\right) exp - 2\left(\frac{x^2}{r_{Fx}^2} + \frac{y^2}{r_{Fy}^2} \right) \delta(z') \tau(t') \qquad \text{(A 1.6)}$$

- Rechteckförmige (multimodeähnliche) Wärmequelle Q_w ("Top hat")

$$Q_w(x', y', z', t') = \frac{A_L P_L}{2 r_{Fx} r_{Fy}} \delta(z') \tau(t') \qquad \text{(A 1.7)}$$

- Linienförmige Wärmequelle Q_w

$$Q_w\left(x', y', z', t'\right) = \frac{P_L}{t_s}\delta(x')\,\delta(y')\,\tau_{(t')}$$ (A 1.8)

- Rechteckgaußförmige Wärmequelle (Flächenquelle) Q_w

$$Q_w\left(x', y', z', t'\right) = \frac{2 A_L P_L}{\sqrt{2\pi}\, r_{Fx}\, r_{Fy}} exp-\left(\frac{2 x^2}{r_{Fx}^2}\right)\delta(z')\,\tau_{(t')}$$ (A 1.9)

Dabei ist τ die Heavyside-Funktion: $\tau_{(t)} = 0$ für t < 0 und = 1 für t ≥ 0. δ ist die Dirac'sche Deltafunktion.

Ruhende Punktquelle

Für eine ruhende Punktquelle an der Stelle x=y=z=0 gilt v = 0 sowie:

$$Q_w(x', y', z', t') = 2 P_L \, \delta_{(x')} \, \delta_{(y')} \, \delta_{(z')} \, \tau_{(t')} \tag{A 1.4}$$

$$T(x, y, z, t) - T_0 = \int_0^t \frac{2 P_L}{\rho_0 c_p} \left(4\pi \kappa (t - t')\right)^{-3/2} \exp\left(-\frac{x^2+y^2+z^2}{4\kappa(t-t')}\right) dt'$$

$$\boxed{T(x, y, z, t) - T_0 = \frac{P_L}{\rho_0 c_p 2\pi\kappa} \cdot (4\kappa t)^{-1/2} \frac{erfc\xi}{\xi}} \tag{A 1.10}$$

$$\xi = \frac{\sqrt{x^2+y^2+z^2}}{(4\kappa t)^{1/2}}$$

$$erfc(x) = \frac{2}{\sqrt{\pi}} \int_x^\infty e^{-x'^2} dx'$$

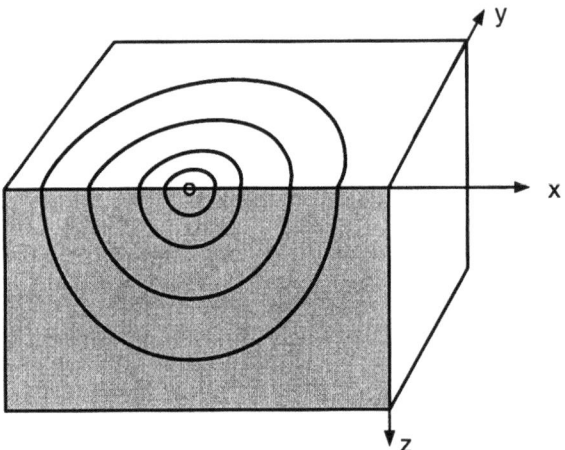

Abb. A 1.1 Temperaturverteilung (Isothermen) für eine ruhende punktförmige Wärmequelle.

Bewegte Punktquelle

Für eine bewegte Punktquelle an der Stelle x=y=z=0 gilt v ≠ 0 sowie:

$$Q_w(x', y', z', t') = 2 P_L \, \delta_{(x')} \, \delta_{(y')} \, \delta_{(z')} \, \tau_{(t')} \tag{A 1.4}$$

$$T(x, y, z, t) - T_0 = \int_0^t \frac{2 P_L}{\rho_0 c_p} \left(4\pi \kappa (t - t')\right)^{-3/2} \exp - \left(\frac{(x + v(t - t'))^2 + y^2 + z^2}{4\kappa(t - t')}\right) dt'$$

Für den stationären Fall (t → ∞) folgt:

$$\boxed{T(x, y, z) - T_0 = \frac{2 P_L}{\rho_0 c_p} \frac{1}{(4\pi \kappa r)} \exp\left(-\frac{v(x + r)}{2\kappa}\right)} \tag{A 1.11}$$

$$r = \left(x^2 + y^2 + z^2\right)^{1/2}$$

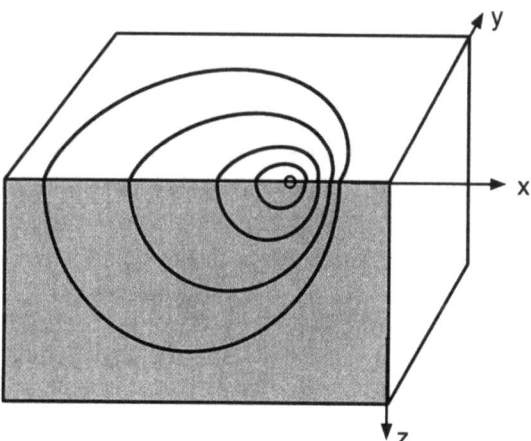

Abb. A 1.2 Temperaturverteilung (Isothermen) für eine bewegte punktförmige Wärmequelle.

Ruhende Gaußquelle

Für eine ruhende gaußförmige Wärmequelle gilt:

$$Q_w(x', y', z', t) = \frac{4 A_L P_L}{\pi r_F^2} \exp\left(-\frac{2x^2}{r_F^2} - \frac{2y^2}{r_F^2}\right) \delta(z') \tau(t')$$

Für die Temperatur im Strahlzentrum gilt:

$$T_{(o, o, o, t)} - T_0 = \int_0^t \frac{A P_L \kappa}{\rho_0 c_p (\pi \kappa)^{3/2}} \frac{1}{(t-t')^{1/2}} \frac{1}{\left(r_F^2/2 + 4\kappa(t-t')\right)} dt'$$

$$\boxed{T_{(o, o, o, t)} - T_0 = \frac{A P_L}{\pi r_F} \frac{\sqrt{2}}{K\sqrt{\pi}} \operatorname{arctg}\left(\frac{8 \kappa t}{r_F^2}\right)^{1/2}} \quad \text{(A 1.12)}$$

für $t < r_F^2 / 8 \kappa$ folgt: $\quad T_{(o, o, o, t)} - T_0 = \frac{A P_L}{\pi r_F^2} \frac{(8\kappa t)^{1/2}}{K\left(\frac{\pi}{2}\right)^{1/2}}$ (A 1.13)

für $t > r_f^2 / 8 \kappa$ folgt: $\quad T_{(o, o, o, t)} - T_0 = \frac{A P_L}{\pi r_F^2} \frac{r_F \frac{\pi}{2}}{K\left(\frac{\pi}{2}\right)^{1/2}}$ (A 1.14)

Für kurze Einstrahlzeiten $t \ll r_F^2 / 8 \kappa$ ist die für Verdampfung erforderliche Intensität I_v aufgrund der Eindimensionalität der Wärmeleitung unabhängig vom Strahlradius r_F. Ein Übergang zu dreidimensionaler Wärmeleitung erfolgt, wenn das Produkt aus Temperaturleitfähigkeit und Einwirkzeit (=Wärmeeindringtiefe) in die Größenordnung des Strahlradius kommt. Für $t \gg r_F^2 / 8 \kappa$ ist das Produkt aus Intensität und Fokusradius ein Maß für das Erreichen der Verdampfungstemperatur.

Anhang

Bewegte Gaußquelle

aus Gleichung A 1.3 mit Q_w aus Gleichung A 1.5 ergibt sich für das Strahlzentrum x, y, z = 0 :

$$T_{(o,o,o,t)} - T_0 = \frac{A P_L}{4 \rho_0 c_p} (\pi \kappa)^{-3/2} \int_0^t \frac{(t-t')^{1/2}}{t_0 + (t-t')} \exp\left(-\frac{v^2 (t-t')^2}{\frac{r_F^2}{2} + 4\kappa(t-t')}\right) dt'$$

mit: $\quad t_0 = \dfrac{r_F^2}{8\kappa}$ \hfill (A 1.15)

Für den stationären Fall (t → ∞) folgt für $\dfrac{r_F v}{\kappa} < 5$:

$$\boxed{T_{(o,o,o)} - T_0 = \frac{A_L P_L}{\sqrt{2\pi} \rho_0 c_p \kappa\, r_F} \exp\left(\frac{r_F^2 v^2}{32\kappa}\right) \operatorname{erfc}\left(\frac{r_F v}{4\sqrt{2}\kappa}\right)} \quad (A\ 1.16)$$

Bewegte Rechteckgaußquelle

Aus Gleichung A 1.3 mit Q_w aus Gleichung A 1.9 ergibt sich für eine Rechteckgaußquelle der Länge b:

$$T_{(x,y,z,t)} - T_0 = \frac{A P_L (\pi \kappa)^{-1/2}}{4 \rho c_p (\pi)^{1/2} b} \int_0^t \frac{(t-t')^{-1/2}}{\left(\frac{r_F^2}{2} + 4\kappa(t-t')\right)^{1/2}} \cdot$$

$$\exp\left(-\frac{z^2}{4\kappa(t-t')}\right) \exp\left(-\frac{(x+v(t-t'))^2}{\frac{r_F^2}{2} + 4\kappa(t-t')}\right) \cdot$$

$$\left\{ \operatorname{erf}\left(\frac{y+b}{2(\kappa(t-t'))^{1/2}}\right) - \operatorname{erf}\left(\frac{y-b}{2(\kappa(t-t'))^{1/2}}\right) \right\} dt' \quad (A\ 1.17)$$

Ruhende Linienquelle

Für eine ruhende Linienquelle an der Stelle x = y = 0 gilt:

$$Q_w(x, y, z, t) = \frac{P_L}{t_s} \frac{1}{\rho c_p} \delta(x) \delta(y) \tau(t)$$

$$T(x, y, z, t) - T_0 = \frac{P_L}{4\pi \rho c_p \kappa t_s} \int_0^t \frac{1}{t-t'} \exp\left(-\frac{x^2+y^2}{4\kappa(t-t')}\right) dt'$$

(A 1.18)

$$\boxed{T(r, t) - T_0 = \frac{P_L}{t_s} \frac{1}{\rho c_p 4\kappa \pi} E_1\left(\frac{r^2}{4\kappa t}\right)}$$ ((A 1.19)

$$E_1(a) = \int_a^\infty \frac{e^{-\xi}}{\xi} d\xi$$

E_1 = Exponentialintegral

$$r = \sqrt{x^2 + y^2}$$

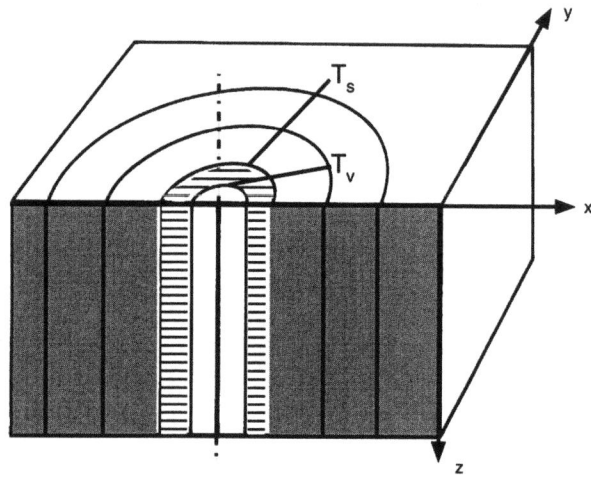

Abb. A 1.3 Temperaturverteilung einer ruhenden Linienquelle zu einem bestimmten Zeitpunkt

Bewegte Linienquelle

Für eine kontinuirlich bewegte Linienquelle gilt:

$$Q_w(x, y, z, t) = \frac{P_L}{t_s} \frac{1}{\rho c_p} \delta(x) \delta(y) \tau(t)$$

$$T(x, y, z, t) - T_0 = \frac{P_L}{4\pi \rho c_p \kappa t_s} \int_0^t \frac{1}{t-t'} \exp\left(-\frac{(x+v(t-t'))^2 + y^2}{4\kappa(t-t')}\right) dt'$$

Für den stationären Fall ($t \to \infty$) folgt:

$$T(x, y) - T_0 = \frac{P_L}{t_s} \frac{1}{\rho c_p 2\pi \kappa} K_0\left(\frac{vr}{2\kappa}\right) \exp - \left(\frac{vx}{2\kappa}\right) \quad \text{(A. 1.20)}$$

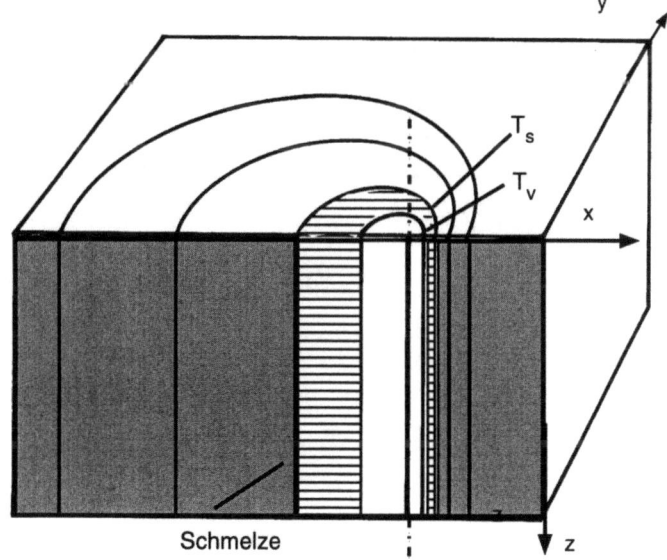

Abb. A 1.4 Temperaturverteilung einer bewegten Linienquelle

Bewegte Zylinderquelle

Annahmen:

- Der Schweißprozeß verläuft zweidimensional, Variationen in Richtung der Blechdicke werden vernachlässigt,
- die Schweißkapillare ist ein Zylinder mit dem Radius r_F und der Länge t_s,
- die Wand der Kapillaren befindet sich auf Verdampfungstemperatur T_v,
- der Einluß der Schmelzbaddynamik auf die Wärmeleitung wird vernachlässigt.

In Polarkoordinaten $x = r \cos \varphi$, $y = r \sin \varphi$

lauten die Randbedingungen:

$$T(r = r_F, \varphi) = T_v$$
$$r \to \infty \quad T(r, \varphi) = T_0$$

Aus der Wärmeleitung ergibt sich die folgende Temperaturverteilung /9.3.1/:

$$T(\rho_1, \varphi) = e^{-\rho_1 \cos\varphi} \sum_{n=0}^{\infty} \Theta_n K_n(\rho_1) \cos n\varphi \qquad \text{(A 1.21)}$$

$$\rho_1 = \frac{r v_0}{2\kappa}$$

$$\rho_0 = \frac{r_F v_0}{2\kappa} = \frac{P_e}{2}$$

$$\Theta_0 = \frac{I_0(\rho_0)}{K_0(\rho_0)}, \quad \Theta_n = 2\frac{I_n(\rho_0)}{K_n(\rho_0)} \quad n = 1, 2, \ldots$$

I_n und K_n sind modifizierte Besselfunktionen, die Größe ρ_0 entspricht der halben Pecletzahl und gibt das Verhältnis von Wärmetransport durch Bewegung heißen Materials zu Wärmetransport durch Wärmeleitung wieder. Die benutzte Temperaturrandbedingung gestattet, aus der Lösung (A 1.21) die ins Material einzubringenden Wärmeströme zu berechnen.

Durch Integration dieser Wärmestromverteilung über den gesamten Keyholerand erhält man die gesamte ins Material einzubringende Leistung P_L:

$$P_L = 2\, r_F\, t_s\, v_S\, c_p\, (T_v - T_0)\, f(\rho_0) \qquad (A\ 1.22)$$

$$f(\rho_0) = \frac{\pi}{2}\left(\frac{I_0^2(\rho_0)}{K_0(\rho_0)} K_1(\rho_0) + \sum_{n=1}^{\infty}(-1)^n \frac{I_n^2(\rho_0)}{K_n(\rho_0)}\left(K_{n+1}(\rho_0) + K_{n-1}(\rho_0)\right)\right)$$

(A 1.23)

c_p ist die auf das Volumen bezogene spezifische Wärme. Der Faktor $2\, r_F\, t_s\, v_S\, c_p\, (T_v - T_0)$ in (A 1.22) beschreibt die Leistung, die benötigt wird, um eine Fläche mit den Seitenlängen $2\, r_F$ und t_s bei der Vorschubgeschwindigkeit v_S auf Verdampfungstemperatur zu bringen. Diese Leistung ist beim Schweißen unumgänglich aufzubringen. Zusätzlich dazu findet aber noch Wärmeleitung seitlich ins umgebende Material statt, so daß über diese Mindestleistung hinaus noch Leistung ins Material eingebracht werden muß. Die Verluste zur Seite und nach hinten werden durch den Wäremverlustfaktor $f(\rho_0)$ beschrieben. Sind sie vergleichsweise klein, so ist $f \approx 1$, sind sie groß, so ist auch f groß. f ist eine Funktion der Peclet-Zuahl allein und monoton fallend mit der Peclet-Zahl. Je größer also r_F oder v_S, bzw. je kleiner κ, desto geringer die Wärmeleitungsverluste.

Im Bereich von Peclet-Zahlen zwichen 0.1 und 10 läßt sich $f(\rho_0)$ ungefähr durch $f(\rho_0) = 1 + \rho_0^{-0,7}$ annähern, so daß sich für die Leistung folgender Ausdruck ergibt:

$$P_\lambda = 2\, r_F\, t_s\, v_S\, c_p\, (T_v - T_0)\, (1 + \rho_0^{-0,7}) \qquad (A\ 1.24)$$

Neben der zur Wärmeleitung benötigten Leistung wird auch noch Leistung zur Verdampfung des Materials benötigt. Dabei wird in etwa so viel Material verdampft, daß der entstehende Überdruck ausreicht, die Kapillare gegen den Kapillardruck des umgebenden Materials aufzuhalten. Wenn man annimmt, daß der Metalldampf mit der maximal möglichen Geschwindigkeit, der lokalen Schallgeschwindigkeit c_g in die Kapillare abströmt, erhält man eine untere Grenze P_{vm} für die zum Verdampfen aufzubringende Leistung:

$$P_{vm} = \frac{2\,t_s \sigma \gamma}{c_g} \epsilon_v \qquad \text{(A 1.25)}$$

Dabei ist σ die Oberflächenspannung des Metalls bei der Verdampfungstemperatur, γ der Adiabatenkoefffizient des Metalldampfes und ϵ_v die Verdampfungsenthalpie pro Masse des Metalls.

Für Eisen erhält man bei einer Blechdicke von d = 10 mm, einer Vorschubgeschwindigkeit von v_S = 2 m/min und einem Kapillarradius von r_F = 350 µm die Leistungen P_L = 6 kW und P_{vm} = 0,2 kW.

Unter der Annahme, daß die gesamte vom Laser am Werkstück ankommende Leistung P_L in der Kapillaren absorbiert wird, so läßt sich aus (A 1.23) die maximal durchzuschweißende Dicke t_s bestimmen:

$$\boxed{t_s = \frac{1}{2\,r_F\,c_p(T_v - T_u)}\,\frac{P_L}{v_S}\,\frac{1}{f(\rho_0)}} \qquad \text{(A 1.26)}$$

t_s ist also keine Funktion der Streckenenergie P_L/v_S oder P_L/r_F allein, sondern zusätzlich von der Peclet-Zahl ab.

Die Schweißnahtbreite b läßt sich aus (A 1.21) als maximale Breite der Isothermen zur Schmelztemperatur T_s numerisch bestimmen. Im Bereich von Peclet-Zahlen zwischen 0.1 und 10 gilt annähernd:

$$\boxed{b = 2 r_F \left(1 + \frac{1.3}{\sqrt{\rho_0}}\,ln\,\frac{T_v - T_0}{T_m - T_0}\right)} \qquad \text{(A 1.27)}$$

Anhang B: Verdampfung

Die Funktionen x und s der Gleichungen 4.2.4 und 4.2.5 hängen lediglich vom Verhältnis des Dampfdruckes P_m zum Sättigungsdampfdruck P_s ab. Da dieser eine Funktion der Temperatur der Phasenfront T_{ph} ist (s. Gleichung 4.2.3) sind x und s implizit von T_{ph} abhängig.

Das zur Berechnung benötigte Gleichungssystem wird in analogie zu den unter 4.2 genannten Autoren angegeben:

$$s = \frac{1+zG-(2(z+2xs^2)-1)\cdot(1+\sqrt{xzF})}{2(1+zG)x\sqrt{\pi}} \tag{B 1}$$

$$x = \frac{x(1+zG)\sqrt{\pi}\,s\,(xs^2+\frac{3}{2}z)+\sqrt{z^3x}\,(2(z+xs^2)-1)\cdot H}{2-2(z+2xs^2)+zG} \tag{B 2}$$

mit den Abkürzungen:

$$x := \frac{p_m}{p_s} \tag{B 3}$$

$$s := \frac{u_m}{\sqrt{\frac{2kT_{ph}}{m}}} \tag{B 4}$$

$$z := \frac{p_m}{p_s} \tag{B 5}$$

$$F := exp(-\zeta^2) - \sqrt{\pi}\zeta erfc(\zeta) \tag{B 6}$$

$$G := (2\zeta^2 + 1)\, erfc\,(\zeta) - 2\zeta\, exp\,(-\zeta^2) / \sqrt{\pi} \tag{B 7}$$

$$H := \frac{(\zeta^2 + 2) exp\,(-\zeta^2) - \sqrt{\pi}\,\zeta\,(\zeta^2 + 3/2)\, erfc\,(\zeta)}{2} \tag{B 8}$$

$$erfc\,(\zeta) := 1. - erf(\zeta) \quad [Fehler-Integral, /Abramowitz\,/]$$

$$\zeta := \sqrt{\frac{\bar{\mu}}{\bar{z}}}\,s$$

Eine detaillierte Herleitung des Gleichungssystems B 1 - B 2 findet sich in der genannten Literatur.

Literaturverzeichnis

/1.1/ Laserstrahlschweißen (Handbuch), E. Beyer, Herausgeber, Cleemann,
VDI-Verlag 1988

/1.2/ E. Beyer
Grundlagen der Laserstrahltechnik zum Schweißen, Schneiden und Veredeln
DVS Fachbuchreihe Schweißtechnik Band 86, 1989

/1.3/ G. Herziger, E. Beyer, P. Loosen, R. Poprawe
Regeleinrichtung für Werkstoffbearbeitung mittels Laserstrahl
Patentschrift 1984, P34 24 825.0-34, DE 3424825 C2

/1.4/ E. Beyer, K. Behler, R. Imhoff
New Techniques and Process Control in Car Body Welding with Laser Radiation
22nd ISATA, Vol. I (1989)

/2.1.1/ Metals Ref. Book
Edition C. J. Smithells, Butterworths 1976

/2.1.2/ A. Gasser
Oberflächenbehandlung metallischer Werkstoffe mit CO_2-Laserstrahlung in der flüssigen Phase
Dissertation RWTH Aachen, 1993

/2.1.3/ E. W. Kreutz et al
Hydrodynamik und schnelle Erstarrung bei der Oberflächenbehandlung mit Laserstrahlung
Forschungsberichte FKZ 13N5595 9 (1992)

/2.1.4/ J. Mazumder
Overview of melt dynamics in laser processing
Optical Engineering /August 1991/ Vol. 30, No. 8, 1208-1219

/2.1.5/ M. E. Thompson, J. Szekely
Transient behaviour of weldpools with a deformed free surface
Int. J. Heat Mass Transfer Vol. 32 No. 6, pp. 1007 - 1019 (1989)

/2.1.6/ M. C. Tsai and Sindo Kou
Marangoni convection in Weld Pools with a Free Surface
Int. Journal for Num. Methods in Fluids
Vol. 9, 1503 - 1516 (1989)

/2.1.7/ Y. H. Wang, S. Kou
3D-Modell mit freier Oberfläche
Metall. Trans. A. 17A, 2265, 1986

/2.1.8/ N. Pirch, E. W. Kreutz
Modelling of Surface Deformations for Remelting with Laser Radiation
Proc. 5th Eng. Foundation Conf. 159, (1990) Davos

/2.2.1/ H. Eggers
Ausbildung von Dampfkapillaren beim E.-Beam-Schweißen
Schweißen und Schneiden 24 (1972) Heft 6, S. 200

/2.2.2/ Y. Arata, J. Miyamoto
Theoretical Analysis of Weld penetration due to HEDB
Transactions of JWRI, Vol. 1, No. 1 (1972) p. 11 - 16

/2.2.3/ G. I. Leskov
The Form Dimensions and Stability of Vapour Dynamic Channels in Metal in E.-Beam-Welding
Automatic Welding 29 (1976), 6. p. 13-17

/2.2.4/ W. Jüptner
Untersuchungen zum Einbrandverhalten eines Elektronenstrahles unter Berücksichtigung der Strahlgeometrie
Dissertation TU Hannover, 1975

/2.3.1/ K. Behler, E. Beyer, G. Herziger, O. Welsing
Using Beam Polarisation to Enhance the Energie Coupling
Proc. ICALEO 88 (1988)

/3.0.1/ M. Funk
Absorption von CO_2-Laserstrahlung beim Laserstrahlschweißen von Grobblech
Dissertation RWTH Aachen, 1994

/3.0.2/ E. Beyer, M. Funk, K. Hoffmann
Strahldiagnostik und Wechselwirkungsphänomene
EUROLASER EU 194, Forschungsbericht FKZ: 13 EU 0060, 1993

/3.1.1/ E. Beyer
Einfluß des laserinduzierten Plasmas beim Schweißen mit CO_2-Lasern
Forschungsberichte Schweißtechnik DVS, Bd. 2
Dissertation TH Darmstadt (1985)

/3.1.2/ Beitrag zur Erwärmung von Metallen durch Absorption von Laserstrahlung
Institutsbericht BIAS Bremen, 1980

/3.1.3/ G. Stern
Absorptivity of cw-CO_2-, CO- and Nd:YAG-Laser Beams by Different Metallic Alloys
Institutsbericht ISL CO 233/90 (Saint-Louis)

/3.2.1/ F. O. Olsen
DVS-Berichte 63 (1980), S. 197

/3.2.2/ E. Beyer, K. Wissenbach, G. Herziger
Werkstoffbearbeitung mit Laserstrahlung Teil 4,
Feinwerktechnik und Meßtechnik 92 (1984) 3, S. 141

/3.2.3/ D. Petring
Anwendungsorientierte Modellierung des Laserstrahlschneidens zur rechnergestützten Prozeßoptimierung
Dissertation, RWTH Aachen 1994

/3.3.1/ K. Behler, J. Berkmanns
Fügen mit CO_2-Hochleistungslasern "Schweißen von aushärtbaren und nicht aushärtbaren Al-Legierungen"
Forschungsbericht FKZ 13N5655, 1993

/3.3.2/ I. Miyamoto, et al
Beam Absorption Mechnism in Laser Welding in: Laser Processing: Fundamentals, Applications and System Enginnering
Spie Proc. Vol. 688, 1986, Paris

/3.3.3/ W. Gatzweiler, E. Beyer
Model of Dynamik Behaviour in Laser Beam Welding in: High Power Lasers and Laser Machining Technology
Spie Proc. Vol. 1132, (1989), Paris

/3.3.4/ B. Dabezies
Transmitted Light Measurements
Heavy Section Laser Welding
Brite-Project RI-1B-0199-C (A), No. 3/8

/3.3.5/ H. Schmidt
Hochgeschwindigkeits-Schweißen von Feinstblechen mit CO_2-Laserstrahlung unter besonderer Berücksichtigung des Humping-Effektes
Dissertation RWTH Aachen, 1994

/4.0.1/ E. Beyer, L. Bakowsky, R. Poprawe, G. Herziger
Formation and Influence of Laserinduced Plasma during CO_2-Laser Processing
Proc. LASER 1983 München

/4.1.1/ E. Beyer, K. Behler, G. Herziger
Plasma Absorption Effects in Welding with CO_2-Lasers
Spie Proc. Series, High Power CO_2-Laser Systems and Applications 1020 (1988)

/4.2.1/ Yu. V. Afanasev, O. N. Krokhin
Vaporization of matter exposed to laser emission
Soc. Phys. - JETP 25, p. 639 - 644

/4.2.2/ O. N. Krokhin
Generation of High Temperature Vapours and Plasmas by Laser Radiation
Laser Handbook North Holland Publ. Comp. (1972)

/4.2.3/ M. Aden, E. Beyer, G. Herziger
Laser-induced vaporisation of metal as a Rieman problem
J. Phys. D: Appl. Phys. 23, 655 - 661

/4.2.4/ C. J. Knight
Theoretical Modelling of Rapid Surface Vaporization with Back Pressure
AIAA Journal, Vol. 17, No. 5, 519 - 523

/4.2.5/ T. Ytrehus
Kinetic Theory Description and Experimental Results for Vapor Motion in Arbitrary Strong Evaporation
Karman Inst. for Fluid Dynamics, Rhode Saint Genese Belgium, Technical Note 112 (1975)

/4.2.6/ R. Courant, K. O. Friedrichs
Supersonic Flow and Shock Waves
Springer Verlag Berlin (1985)

/4.2.7/ M. Aden
Plasmadynamik beim laserinduzierten Verdampfungsprozeß einer ebenen Metalloberfläche
Dissertatoin RWTH Aachen (1994)

/4.3.1/ H. Ibach, H. Lüth
Festkörperphysik
Springer Verlag (1981)

/4.3.2/ W. Rieder
Plasma und Lichtbogen
Vieweg Verlag Schweiß April (1967)

/4.3.3/ L. Spitzer
Physics of Full Ionized Gases
2nd ed Interscience Publ. (1982)

/4.3.4/ F. F. Chen
Introduction to Plasma Physics
Plenum Press New York (1974)

/4.3.5/ G. Weyl, A. Pirri, R. Root
Laser Ignation of Plasma of Aluminium Surfaces
AIAA Vol. 19, No19, April (1981)

/4.3.6/ D. C. Smith
Gasbreakdown initiatet by laser radiation interaction with areosols and solid surface
J. of Appl. Phys. Vol 48, 6. june (1977), 2217

/4.4.1/ E. Beyer, L. Bakowsky, P. Loosen, R. Poprawe, G. Herziger
Development and optical absorption properties of a laser induced plasma during CO_2-laser processing
SPIE Proc. Series, Industrial Applications of High Power Lasers 455 (1983)

/5.3.1/ K. Bungartz
Bestimmung der Strömungsgeschwindigkeit des Metalldampfes im Bereich des Keyholes beim Schweißen mit CO_2-Lasern
Diplomarbeit, RWTH Aachen, 1992

/5.3.2/ D. Becker
Wechselwirkung von Wärmeleitung, Hydrodynamik und Verdampfung beim Tiefschweißen mit Laserstrahlung
Dissertation, RWTH Aachen, 1995

/6.0.1/ Y. Arata, et al
Observation of Molten Flow during EB Welding
Trans. JWRI, 1987 vol. 16 pp. 13 - 16

/6.1.1/ C. Banas, et al.
Macro-Materials Processing Measurements
Proc. IEEE, Vol. 70, No. 6, June 1982

/6.1.2/ P. E. Denney, E. A. Metzbower
Synchronized Laser Video Camera System Study of High Power Laser Material Interactions
Proc. ICALEO 1991, p. 84 - 93

/6.1.3/ M. Funk, S. Juchem
High Speed Optical Measurements Heavy Section Laser Welding
Brite-Project RI-1B-0199C (A), No. 5/8

Literaturverzeichnis

/6.1.4/   E. Beyer, R. Imhoff
Fügen mit CO_2-Hochleistungslasern: Schweißen von dünnen Blechen bei hohen Prozeßgeschwindigkeiten und Untersuchungen der Schmelzbadinstabilität
Forschungsbericht FKZ 13N5658 (1993)

/7.1.1/   E. Beyer, A. Gasser, W. Gatzweiler, W. Sokolowski
Plasma Fluctuations in Laser Welding with cw-CO_2-Lasers
Proceedings ICALEO (1987)

/7.1.2/   E. Beyer, K. Behler, G. Herziger
Influence of Laser Beam Polarisation in Welding
Proc. 5th Int. Conf. Lasers in Manufacturing, ISBN 1-85423-021-2 (1988)

/7.1.3/   E. Beyer, P. Abels
Prozeßüberwachung, Prozeßregelung und Lasersysteme für die flexible Fertigung mit Laserstrahlung (Proflex)
Forschungsbericht FKZ 13N5095 (1992)

/7.2.1/   F. Bosnjakovic, Technische Thermodynamik, Teil I
Steinkopff-Verlag, Darmstadt 1988.

/8.1.1/   D. Petring
Anwendungsorientierte Modellierung des Laserstrahlschneidens zur rechnergestützten Prozeßoptimierung
Dissertation RWTH Aachen, 1994

/8.1.2/   M. Beck, F. Dausinger
Modelling of laser deep welding process
European Scientific Laser Workshop on Mathematical Simulation, Lissabon, 1989

/8.1.3/   M. Kern, M. Beck
Absorption simulation of a polarized laser beam at deep penetration welding
Proc. of 8th meeting of working group "Mathematical Modelling" of the Eureka-project EU 194, Igls, 1993

/8.1.4/   H. J. Allelein et al
Lasersystem for boring and sampling in coated-particle fuel
J. Appl. Phys. 50 (10), 1979, p. 6162-6167

/8.1.5/ M. H. Glowacki et al
Deflection of photon paths in the keyhole plasma in laser welding
Proc. of 8th meeting of working group "Mathematical Modelling" of the Eureka-project EU 194, Igls, 1993

/8.1.6/ D. Petring, P. Abels, E. Beyer
The Absorption Distribution as a Variable Property During Laser Beam Cutting
ICALEO'88, Santa Clara, California (1988)

/8.2.1/ K. Behler, E. Beyer, G. Herziger, O. Welsing
Using Beam Polarisation to Enhance the Energy Coupling
Proc. ICALEO 88 (1988)

/8.3.1/ R. Finke, P. Kapadia, J. M. Dowden
A fundamental plasma based model for energy transfer in Laser material processing
J. Phys. D. Appl. Phys. 23 (1990), 643 - 654

/8.3.2/ W. Sokolowski, G. Herziger, E. Beyer
Spectral Plasma Diagnostics in Welding with CO_2-Lasers
SPIE Proc. Series, High Power CO_2-Laser Systems and Applications 1020 (1988)

/8.3.3/ W. Sokolowski
Diagnostik des Laserinduzierten Plasmas beim Schweißen mit CO_2-Lasern
Dissertation RWTH Aachen, 1991

/9.3.1/ W. Schulz, D. Becker, J. Franke, R. Keimmerling, G. Herziger
Heat conduction lasers in laser cutting of metals
J. Phys. D: Appl. Phys. 26 (1993) 1357-1363

/9.3.2/ K. Behler, E. Beyer, R. Schäfer
Laser Welding of Aluminium
Proc. ICALEO 88 (1988)

/9.3.3/ K. Behler, E. Beyer, R. Schäfer
Laserstrahlschweißen von Aluminium
Aluminium, 64. Jahrgang 12 (1988)

/9.3.4/ Norbert Pirch
Proc. of 9th meeting of working group
"Math. Modelling" of EU 194 (1993) Innsbruck

/9.3.5/ Joachim Berkmanns
Laserstrahlschweißen von Aluminium-Werkstoffen im Leistungsbereich bis 6 kW
Dissertation RWTH Aachen, 1995

/9.4.1/ W. M. Steen, J. Dowden, H. Davis, P. Kapadia
A point and line source model of laser keyhole welding
J. Phys. D: Appl. Phys. 21 (1988), 1255 - 1260

/10.0.1/ R. Imhoff, E. Beyer, G. Herziger
Fügen mit CO_2-Hochleistungenslaser: Schweißen von dünnen Blechen bei hohen Prozeßgeschwindigkeiten und Untersuchungen von Schmelzbadinstabilitäten
Forschungsbericht, FKZ 13N5658, 1992

/10.0.2/ H. Schmidt
Hochgeschwindigkeits-Schweißen von Feinstblechen mit CO_2-Laserstrahlung unter besonderer Berücksichtigung des Humping-Effektes
Dissertation RWTH Aachen, 1994

/10.0.3/ Y. Arata
A Study of Dynamic Behaviour of E-Beam Weldingby a Fluroscopic Observation
Advanced welding technology 2th. intern. Symp. of J. Welding SOC (Aug. 1975) Osaka, p. 33-38

/10.0.4/ H. Eggers, H. Grimm J. Ruge
Ausbildung der Dampfkapillare beim Eletkronenstrahlschweißen
Schweißen und Schneiden, Jahrgagn 24, Nr. 6 1972

/10.0.5/ D. Dirksen
Untersuchungen zur Geometrie und Dynamik des Schmelzbades beim Laserschweißen
Studienarbeit Institut für Schweißtechnische Fertigungsverfahren, RWTH Aachen, Juni 1985

/10.0.6/ B. Allen
The Surface Tension of Liquid Metals, Marcel Dekker Inc. 1972

/10.0.7/ E. A. Brandes (Hrsg.),
Smithells Metal Reference Book
6. Auflage, Butterworth & Co. Publisher, London

/10.0.8/ H. U. v. Vogel, C. Synowietz (Hrsg.)
Chemikerkalender
2. Auflage, 1974, Springer Verlag Berlin-Heidelberg-New York

/10.0.9/ E. Noll
Schmelzbaddynamik als qualitätsbeeinflussende Größe bei der Laserstrahlbearbeitung im Motorenbau
Diplomarbeit RWTH Aachen, 1992

/10.1.1/ W. Beitz, K. H. Küttner (HRSG:)
Dubbel, Taschenbuch für den Maschinenbau
Springer Verlag Berlin-Heidelberg-New York, 1981

/10.1.2/ M. Beck, R. Berger, P. Hagendra, J. Dantzig
Aspekte der Schmelzbaddynamik beim Laserschweißen mit hoher Bearbeitungsgeschwindigkeit
Proc. Laser '91, München

/10.1.3/ P. G. Klemens
Heat Balance and Flow Conditions for Electron Beam and Laser Welding
J. of Appl. Phys., Vol. 47, No. 5, May 1976

/10.2.1/ C. Albright, S. Chiang
High Speed Laser Welding Discontinuities 1988
Department of Welding Engineering, Ohio State University, Columbus, Ohio

/10.2.2/ M. Beck, P. Berger, F. Dausinger, H. Hügel
Aspects of Keyhole/Melt Interaction in High Speed Laser Welding
Proc. 8th Int. Symp. on Gas Flow and Chemical Lasers (GCL), 1990
Madrid

/10.2.3/ J. Kroos, U. Gratzke, B. Specht, M. Vicanek, G. Simon
Ausgewählte Modelle zum Fügen mit CO_2-Hochleistungslasern
Abschlußpräsentation: Fügen mit CO_2-Hochleistungslasern, Oktober 1992, Düsseldorf

/10.2.4/ R. Rothe
Laserstrahlschweißen, eine Herausforderung für den Ingenieur
Laser Technologie und Anwendungen (Jahrbuch, 1. Ausgabe), Vulkan Verlag, Essen 1988, S. 302/04

/10.2.5/ N. Pirch, H. Schmidt, B. Ollier, E. W. Kreutz, D. Becker
Die Humping Instabilität beim Schweißen mit Laserstrahlung
Proceedings Laser '91, München

/10.2.6/ S. Hiramoto, M. Ohmine, T. Okuda, A. Shinmi
Deep Penetration Welding with High Power CO_2-Laser
LAMP '87, Osaka, May 1987

/10.2.7/ Y. Arata, T. Oda, R. Nishio
Effect of Assist Gas on Bead Formation in High Power Laser Welding
Transactions of JWRI, Vol. 12, No. 2 1983

/10.2.8/ S. Tsukamoto, H. Irie, M. Inagaki, T. Hashimoto
Effect of Focal Position on Humping Bead Formation in Elektron Beam Welding
Transaction of National Research Institute for Metals, Vol. 25, No. 2 (1983)

/10.2.9/ S. Tsukamoto, H. Irie, M. Inagaki, T. Hashimoto
Effect of Beam Current on Humping Bead Formation in Electron Beam Welding
Transaction of National Research Institute for Metals, Vol. 26, No. 2 (1984)

/10.2.10/ Y. Arata, M. Tomie, N. Abe, X. Yao
Dynamic Observation of Molten Metal Flow inTandem Electronic Beam Welding, June 1988

/10.2.11/ Y. Arata, M. Tomie, N. Abe, X. Yao
Some Dynamic Aspects of Weld Molten in Electron Beam Welding
Transactions of JWRI, 1973, Vol. 2.2

/10.2.12/ B. Bradstreet
Effect of Surface Tension an Metal Flow on Weld Bead Formation
Welding Research Supplement, July 1968

/10.2.13/ W. Savage, E. Nippes, K. Agusa
Effect of Arc Force on Defect Formation in GTA Welding
Welding Research Supplement, July 1979

/10.2.14/ H. Nomura, Y. Sugitani, M. Tsuji
Behaviour of Molten Pool in Submerged Arc Welding: Observation by X-Ray Fluoroscopy", Journal of the Japanese Welding Society
Septempber 1982, 51, (9), 767-775

/10.2.15/ S. Kokura, M. Nihei, U. Kozono, E. Ashida, A. Onuma
Studies on Twin Electrode Switching Arc Welding Method (Report 1) - High Speed Welding with Twin Electrode Switching TIG
Journal of the Japanese Welding Society, 49 (1980) 4. S. 39-45

/10.2.16/ L. Rayleigh
Theory of Sound
Vol. 2 1945

/10.2.17/ S. Chandrasekhar
Hydrodynamic and Hydromagnetic Stability
Clarendon Press 1961, Oxford

/10.2.18/ J. Foley, R. Duhamel, J. Timmins
Welding Performance of 6 kW and 14 kW Lasers,
Laser '89 Opto-Electronics Microwaves, 9th international Trade Fair and International Congress, München, Juni 1989

/10.2.19/ W. Beitz, K. H. Küttner (HRSG:)
Dubbel, Taschenbuch für den Maschinenbau
Springer Verlag Berlin-Heidelberg-New York, 1981

/10.2.20/ M. Beck, R. Berger, P. Hagendra, J. Dantzig
Aspekte der Schmelzbaddynamik beim Laserschweißen mit hoher Bearbeitungsgeschwindigkeit
Proc. Laser '91, München

/10.2.21/ Y. Arata, M. Tomie, N. Abe, X. Yao
Some Dynamic Aspects of Weld Molten in Electron Beam Welding
Transactions of JWRI, 1973, Vol. 2.2

/10.2.22/ N. Prich, H. Schmidt, E. W. Kreutz
Entstehung von äußeren Schweißgutfehlern beim Schweißen mit CO_2-Laserstrahlung bei hohen Prozeßgeschwindigkeiten
DPF-Frühjahrstagung, Greifswald 1993

/10.2.23/ H. Schmidt, U. Petschke, R. Imhoff, K. Behler, E. Beyer
Untersuchungen zur Nahtausbildung beim Hochgeschwindigkeitsschweißen mit Laserstrahlung,
Proceedings Laser '91, München

/11.1.1/ E. Beyer, P. Abels
Process Monitorin in Laser Material Processing
LAMP Proceedings 1, Tokyo 1992

/11.1.2/ E. Beyer et al
New Devices for On-Line Process Diagnostics During Laser Machining
Proc. ICALEO'91 San Jose (1991)

Abkürzungen

A_L		Absorptionsgrad der Laserleistung
A_p		Absorptionsgrad für parallel polarisierte Strahlung
A_s		Absorptionsgrad für senkrecht polarisierte Strahlung
$A(z, \beta)$		Absorptionsverteilung
A_s	cm^2	Nahtquerschnittsfläche
α	cm^{-1}	Absorptionskoeffizient
b_s	mm	Schmelznahtbreite
β		Kreiswinkel senkrecht zu z
c_0	ms^{-1}	Lichtgeschwindigkeit
c_p	Jkg^{-1}K^{-1}	spezifische Wärmekapazität
C_1		Materialkonstante
γ		Adiabatenexponent (= 5/3 für ideales Gas)
d	mm	Blechdicke
d_F	mm	Fokusdurchmesser
D	m^{-3}	Zustandsdichte
δ		Bruchteil
Δ	Jkg^{-1}	Verdampfungsenthalpie
e	As	Elementarladung 1,6 · 10^{-19} As
E_0	Vcm^{-1}	Feldstärke
E_a	eV	Anregungsenergie
E_i	eV	Ionisierungsenergie
E_S	J	Streckenenergie
ε		relative Dielektrizitätskonstante
ε_0	AsV^{-1}m^{-1}	Dielektrizitätskonstante im Vakuum : 8,85 AsV^{-1}m^{-1}
$\overline{\varepsilon}$	eV	mittlere Elektronenenergie
ε_S	Jkg^{-1}	Schmelzenthalpie
ε_V	Jkg^{-1}	Verdampfungsenthalpie

$\delta\varepsilon_v$	Jkg^{-1}	Bruchteil der Verdampfungsenthalpie
f		Besetzungswahrscheinlichkeit
f_e		Gleichgewichtsverteilungsfunktion
f_s		Maxwell'sche Verteilungsfunktion der Teilchengeschwindigkeit an der Phasenfront
G	$\Omega^{-1}m^{-1}$	elektrische Leitfähigkeit
G_0	$\Omega^{-1}m^{-1}$	Gleichstromleitfähigkeit
h	Js	Planck-Konstante
h_s	mm	Höhe der Schmelze
I	Wcm^{-2}	Laserstrahlintensität
I_0	Wcm^{-2}	eingestrahlte Intensität
I_s	Wcm^{-2}	Verdampfungsintensität
k	JK^{-1}	Boltzmannkonstante
k_e		Extinktionskoeffizient
k_{ci}	cm^{-3}s^{-1}	Ratenkonstante für Elektron-Ion-Stöße
K	Wcm^{-1}K^{-1}	Wärmeleitfähigkeit
K_0		Besselfunktion
κ	cm^{2}s^{-1}	Temperaturleitfähigkeit
L	WΩK^{-2}	Lorentzzahl
λ	mm	Wellenlänge
m	kg	Masse
m_e	kg	Elektronenmasse
$\dot{m}_m$	kg	Masse Metalldampfatom
$\dot{m}$	kgs^{-1}	Massenstrom
μ	VsA^{-1}m^{-1}	magnetische Permeabilität
μ_s	Nsm^{-2}	Viskosität
n		Brechungsindex
n_e	cm^{-3}	Elektronenzahldichte
n_g	cm^{-3}	Neutralgaszahldichte
n_i	cm^{-3}	Ionenzahldichte
n_m	cm^{-3}	Metalldampfzahldichte
n_s	cm^{-3}	Teilchenzahldichte bei Sättigungsdampfdruck

Abkürzungen

ν_c	s^{-1}	Stoßfrequenz
ν_{ci}	s^{-1}	Stoßfrequenz Elektron - Ion
ν_{cg}	s^{-1}	Stoßfrequenz Elektron - Neturalgasatom
ν_{cm}	s^{-1}	Stoßfrequenz Elektron - Metalldampf
ν_{PH}	s^{-1}	Stoßfrequenz Elektron - Phonon
ν_{St}	s^{-1}	Stoßfrequenz Elektron - Gitterstörstelle
p	Nm^{-2}	Umgebungsdruck
p_0	Nm^{-2}	hydrostatischer Druck
p_n	Nm^{-2}	hydrostatischer Druck
p_i	Nm^{-2}	Dampfdruck in der Kapillaren
p_k	Nm^{-2}	Kapillardruck
p_m	Nm^{-2}	Metalldampfdruck
p_{Ph}	Nm^{-2}	Dampfdruck an der Phasenfront
p_s	Nm^{-2}	Sättigungsdampfdruck
p_{St}	Nm^{-2}	Staudruck
P_L	W	Laserstrahlleistung
P_{VD}	W	Leistungsverlust
Q_W	Wcm^{-2}	Wärmestrom
Φ	eV	Austrittsarbeit
φ		Einfallswinkel
r_F	mm	Fokusradius
r_K	mm	Kapillarradius
R_L		Reflexionsgrad der Laserstrahlleistung
R_s		Reflexionsgrad für senkrecht polarisierte Strahlung
R_p		Reflexionsgrad für parallel polarisierte Strahlung
ρ	kgm^{-3}	Dichte
ρ_0	kgm^{-3}	Festkörperdichte
ρ_m	kgm^{-3}	Metalldampfdichte
ρ_s	kgm^{-3}	Dichte der Schmelze
ρ_s^+	kgm^{-3}	Sättigungsdampfdichte
S*	ms^{-1}	normierte Dampfgeschwindigkeit
σ_s	Nm^{-1}	Oberflächenspannung der Schmelze

σ_{so}	Nm^{-1}	Oberflächenspannung bei T_0
t	s	Zeit
t_s	mm	Schweißtiefe
T	K	Temperatur
T_0	K	Umgebungstemperatur
T_e	K	Elektronentemperatur
T_m	K	Metalldampftemperatur
T_{Ph}	K	Temperatur an der Phasenfront
T_s	K	Schmelztemperatur
T_v	K	Verdampfungstemperatur
T_L		Transmissionsgrad
θ_s		mittlerer Neigungswinkel der Kapillaren
τ_s	Nm^{-2}	Scherspannung an der Oberfläche
v	ms^{-1}	Geschwindigkeit
v_A	ms^{-1}	Abtragsgeschwindigkeit
v_b	ms^{-1}	Rückströmgeschwindigkeit
v_D	ms^{-1}	Geschwindigkeit an der Schockfront
v_m	ms^{-1}	Geschwindigkeit des abströmenden Metalldampfes
v_s	ms^{-1}	Schweißgeschwindigkeit
v_{str}	ms^{-1}	Strömungsgeschwindigkeit
ω_L	s^{-1}	Laserfrequenz
ω_p	s^{-1}	Plasmafrequenz
Q_w	Wcm^{-3}	Wärmequelle
Z		Ionenladungszahl

Sachverzeichnis

Absorptionsgrad 28, 32-38, 41,55 81, 113, 114, 128

Absorptionskoeffizient 29, 31, 66, 67, 71, 114, 127

Aluminium 10, 12, 26, 33, 41, 45, 46, 60-64, 67, 80, 82, 85, 90, 94, 95, 140-142

Aluminiumatome 67

Aluminiumbereich 95

Aluminiumfläche 35

Aluminiumplasma 90

Aluminiumstumpfnähte 26

Aluminiumwerkstoff 90

Argon 76, 77

Argonplasma 75

Aufmischung 87

Bewegungsgleichung 20

Bremsstrahlung
 inverse 29, 64, 65, 67

CO_2-Laser 34

Dampfkapillare (siehe Kapillare)

Diagnostik 4, 50

Durchschweißung 96, 112, 113, 142, 143

Einschweißung 27, 91, 96, 112

Elektronen 28-33, 64-68

Elektronenstrahlschweißen 1, 15, 144, 145

Energiequelle 1, 4, 57, 131, 146

Extinktionsindex 29, 38

Festkörperlaser 34

Fresnel-Formel 33, 36, 113

Gas 29, 44, 55, 56, 108, 121

Gasatome 69

Gasdüse 43

Gaskomponenten 67

Gasströmung 23

Gasversorgung 2, 3

Gleichstromleitfähigkeit 30

Helium 53, 58, 61-63, 71, 77, 83

Humping 97, 98

Isotherme 9, 10, 139

Isothermenverlauf (-verteilung) 42, 132, 141,142

Kapillare 27, 36, 37, 40, 42, 45, 50, 52, 54, 71, 83, 84, 87, 113, 114, 125, 128, 132, 133, 137 139

Kapillargeometrie 59, 87, 89-92, 105, 110, 111, 113, 114, 116, 118, 134, 135

Kapillarschwingungen 45, 105, 110-112

Keyhole (s. Kapillare)

Laser 1, 2, 4, 15, 57, 94

Laserstrahlschweißanlage 2, 3, 4

Linienquelle 131, 132, 133, 145

Mehrfachreflexion 12, 15, 46, 50 79, 81, 113, 114, 117-120, 125, 127, 131, 146

Metalldampf 5, 15, 27, 50, 51, 54, 55, 65, 67, 68, 71, 76, 83, 84, 110

Metalldampfatome 75

Metalldampfdichte 50, 54, 55, 58, 62, 63, 70, 71, 73, 75, 79, 83, 100, 105, 110, 120, 121, 127

Metalldampfteilchendichte (s. Metalldampfdichte)
Metalldampftemperatur 58
Mikrofonsignal 107, 108

Nd:YAG-Laser 3

Plasma 27, 28, 49, 50 52, 54, 66-71, 74-77, 79, 100, 105, 106, 110 ,111, 113, 114, 127, 146
Plasmabildung 49-51, 64, 67, 73, 77, 93,100, 105, 110 111, 120, 126, 127, 146
Plasmaabschirmung 71, 75
Plasmaabsorption 15, 27, 45, 49, 68, 71, 72, 74, 81, 83, 100, 106, 113, 115, 121, 125-128, 144, 146
Plasmaabsorptionskoeffizient 74
Plasmadetektor 112, 113
Plasmadruck 90
Plasmadurchbruch 77
Plasmafluktuation 50, 105, 107, 108, 112
Plasmafrequenz 30, 66
Plasmaleuchten 51, 112
Plasmasignal 112, 113
Plasmatemperatur 67, 83
Plasmaunterstützung 50
Plasmaschwelle 50
Prozeß 65, 114, 137
Prozeßablauf 16
Prozeßbeeinflussung 88
Prozeßgas 2, 27, 53, 71, 77, 83, 109, 110
Prozeßgasabsaugung (s. Prozeßgas)
Prozeßgasfluß (s. Prozeßgas)
Prozeßgeschwindigkeit 91, 93, 98
Prozeßparameter 15, 75, 8, 99, 125, 144
Prozeßregelung 4, 77
Prozeßsicherheit 4
Prozeßüberwachung 2, 54
Punktquelle 9, 145

Querschliff 6, 87

Querschnittsfläche 7, 118, 142

Reflexion 32, 35, 38-40, 50, 116

Sauerstoff 11
Schmelze 4, 7, 8, 12, 15, 33, 37, 42, 46, 58, 79, 84, 87, 92,93, 98, 101, 107-114, 117, 128, 132-135
Schmelzbad 9, 11, 13, 87, 90, 110, 116
Schmelzbadbewegung 8, 9, 11-15, 53, 79-81, 87, 102, 102,110-111,131,135, 137
Schmelzbadbreite 5, 8, 9, 52, 90, 93, 94
Schmelzbadgeometrie 5, 7-9, 50, 90-92,132
Schmelzbadquerschnitt 92
Schmelzbadtiefe 9
Schmelzenthalpie 132, 140
Schmelzfilm 120
Schmelzfilmbreite 85, 94, 95, 97, 98
Schmelzfront 94, 97, 98
Schmelzfrontneigungswinkel 95
Schmelzisotherme 10, 34, 88, 89
Schmelzoberfläche 15
Schmelz(-verbindungs)schweißen 1, 12, 120, 122, 143
Schmelzschweißprozeß 52, 53
Schmelzspur 52, 53
Schmelztemperatur 29, 87, 88, 90, 139
Schmelztiefe 8, 12
Schmelztropfen 97
Schmelzvolumen 134
Schmelzzone 5, 7, 8, 10, 12, 79, 87, 90, 97
Schmelzzonenoberfläche 5
Schmelzzonentiefe 5
Schutzgas 49, 54, 111
Schutzgasfluß 77
Schutzgasplasma 75, 76, 77
Schutzgasrohr 2, 3
Schutzgaszuführung 2
Schwefel 11

Schweißgeschwindigkeit 15, 16, 34, 40, 42-45, 47, 57, 70, 71, 79, 81, 83, 90, 93, 95-98, 105, 106 120-122, 129, 131, 132, 144, 145

Schweißparameter 105

Schweißposition 80

Schweißprozeß 4, 27, 44, 50, 52-54, 59, 70, 75, 76, 84, 94, 107, 134

Schweißrichtung 5, 38, 40, 64, 79, 142

Schwingungsdämpfung 4

Simulation 84, 93

Stahl 10-12, 14, 15, 32-37, 45, 46, 51, 60-64, 73, 80, 82, 85, 90, 95, 117, 139-142

Steuerung 2-4

Stickstoff 67

Stoffparameter 15, 54, 57

Stoßarten 31

Stoßformen 16

Stoßfrequenz 31, 32, 66, 67

Stoßkanten 16

Stoßkantenvorbereitung 16, 17

Stoßkonfigurationen 17

Stoßpartner 68, 68

Stoßwahrscheinlichkeit 71

Strahlabsorber 2, 3

Strahlachse 40, 97

Strahlausblendung 98

Strahlausbreitungsrichtung 90, 94

Strahlbewegung 3

Strahldivergenz 1, 114

Strahldurchmesser 1, 15, 40, 93

Strahlengang 3, 38

Strahlformung 2, 3

Strahlführung 2-4

Strahlgeometrie 91

Strahlmanipulation 2

Strahlparameter 114

Strahlpositionierung 2

Strahlprofil 39, 40

Strahlquellen 1, 4

Strahlradius 41, 117

Strahlschaltung; -schalter 2, 3

Strahl-Shutter 2, 3

Strahlung 1, 3, 4, 34, 36, 38, 40, 41, 44, 46, 51, 57, 65, 68 75, 81, 113, 114, 116, 119, 135, 144, 146

Strahlungsabsorption 28, 50, 98, 118, 125, 147

Strahlungsanregung 68

Strahlungsanteil 7, 40, 42, 50, 113, 119

Strahlungsbereich 51

Strahlungseinfall 32, 99

Strahlungsemission 35, 105, 107, 126

Strahlungsenergie 1, 69, 81, 125

Strahlungsfeld 29, 67

Strahlungsintensität 1, 27, 49, 50, 60-64, 71, 80-83, 85, 99, 100, 110, 111, 120

Strahlungsleistung 7, 15, 16, 40, 41, 45, 47, 50, 77, 87, 91, 92, 95, 96, 98, 99, 105, 114, 125, 132, 136, 146

Strahlungspolarisation 118-120, 122

Strahlungsreflexion 119-120

Strahlungssystem 3

Strahlverteilung 42, 99, 101, 102, 114, 135

Strahlweichen 2, 3

Strahlzentrum 11, 108

Streakaufnahmen 105, 106

Streckenenergie 15, 140, 141

Streckenelement 99

T-Stoß 17

Teilchendichte 67-69

Teilchenprozeß 3, 142

Tiefschweißen 5, 15, 27, 28, 40, 44, 50, 57, 67, 120, 122, 131

Tiefschweißeffekt 2, 3, 6, 49, 50, 113, 120

Tiefschweißprozeß 49, 53, 142

Transmission 44

Transmissionsgrad 33

Überlappstoß 23, 24

Überschußleistungen 45

Überwachung 2

Vakuum 32, 35, 49, 54, 120, 122-124, 145

Vakuumwellenlänge 29

Verbindungsschweißen 1, 83

Verdampfung 1, 15, 27, 32, 40-41, 50, 52-54, 56-58, 60, 65, 67, 70, 75, 76, 81, 82, 84, 87, 88, 90, 99-101, 105, 110, 1111, 127, 132, 133, 136-140

Wärmeleitung 5, 7-9, 11-15, 27, 28, 40, 54, 57, 60, 80, 99, 110, 113, 131, 133, 134-139, 142, 143, 144

Wärmeleitungsschweißen 5, 7, 9, 12, 15, 27, 28

Wärmequelle 7, 10, 59, 15, 137

Wechselfeld 28, 29, 65

Wechselwirkung 4, 2, 31, 66, 67

Wechselwirkungspunkt 108

Wechselwirkungsvolumen 64

Werkstoffbearbeitung 15

Werkstoffkonstanten 142

Wolfram 87-89

Zusatzwerkstoff 16, 26

Springer-Verlag und Umwelt

Als internationaler wissenschaftlicher Verlag sind wir uns unserer besonderen Verpflichtung der Umwelt gegenüber bewußt und beziehen umweltorientierte Grundsätze in Unternehmensentscheidungen mit ein.

Von unseren Geschäftspartnern (Druckereien, Papierfabriken, Verpackungsherstellern usw.) verlangen wir, daß sie sowohl beim Herstellungsprozeß selbst als auch beim Einsatz der zur Verwendung kommenden Materialien ökologische Gesichtspunkte berücksichtigen.

Das für dieses Buch verwendete Papier ist aus chlorfrei bzw. chlorarm hergestelltem Zellstoff gefertigt und im pH-Wert neutral.

MIX
Papier aus verantwortungsvollen Quellen
Paper from responsible sources
FSC® C105338

If you have any concerns about our products,
you can contact us on
ProductSafety@springernature.com

In case Publisher is established outside the EU,
the EU authorized representative is:
**Springer Nature Customer Service Center GmbH
Europaplatz 3, 69115 Heidelberg, Germany**

Printed by Libri Plureos GmbH
in Hamburg, Germany